建筑现象学丛书

居住的概念
——走向图形建筑

The Concept of Dwelling
On the way to figurative architecture

[挪威] 克里斯蒂安·诺伯格－舒尔茨　著
黄士钧　译

中国建筑工业出版社

著作权合同登记图字：01－2010－4170号

图书在版编目（CIP）数据

居住的概念——走向图形建筑／（挪威）诺伯格－舒尔茨（Norberg－Schulz,C.）著；黄士钧译.—北京：中国建筑工业出版社，2012.4
（建筑现象学丛书）
ISBN 978－7－112－-13811－1

Ⅰ.①居… Ⅱ.①诺… ②黄… Ⅲ.①建筑学－研究 Ⅳ.①TU

中国版本图书馆CIP数据核字（2011）第264453号

责任编辑：董苏华　责任设计：赵明霞　责任校对：陈晶晶　赵　颖

建筑现象学丛书
居住的概念——走向图形建筑
[挪威] 克里斯蒂安·诺伯格－舒尔茨　著
黄士钧　译
*
中国建筑工业出版社出版、发行（北京西郊百万庄）
各地新华书店、建筑书店经销
北京嘉泰利德公司制版
北京建筑工业印刷厂印刷
*
开本：787×960毫米　1/12　印张：11⅔　字数：225千字
2012年4月第一版　2012年4月第一次印刷
定价：60.00元
ISBN 978－7－112－13811－1
（21546）

目 录

献给　安娜·玛丽亚

前　言

这是一本关于人类居住的书。“居住”一词的含义不仅仅是人们头上的屋顶和所需要的面积。首先，居住意味着要与他人交往，以交换产品、交流思想和情感，也就是说，居住包含了众多方面的生活内容。其次，居住是与他人的一种契约：接受一组共享的价值观念。最后，居住也是人们为自己所选择的小世界。我们可以把居住的这三层含义分别看做集合的居住，公共的居住和私密的居住。

然而，居住还包括人们为体现这些居住意义而创造的场所。含有城市空间的聚居区域总是展现了集合居住的舞台，公共建筑物体现了公共的居住，而住房则是个人得以发展的庇护所。聚居区域、城市空间、公共建筑和住房共同构成了总体环境。这个环境总是与带有普遍和特殊的自然环境相联系的。所以，居住意味着要成为自然环境的朋友。

我们也可以认为，居住就在于定位和认同。我们必须知道自己身在何处，怎样在何处，从而使自身存在具有意义。定位与认同是通过有组织的空间和人造形式来实现的。这种空间和形式构成了具体而实在的场所。我们在此所引入的场所概念，与当今专注抽象空间的倾向相反，为回归图形建筑提供一个起始点。

我们因此把功能主义的“非图形”设计方法抛在后面，继而开创一种建筑，从存在的意义上来满足人们居住的需要，实现人们归属和参与的愿望。

克里斯蒂安·诺伯格－舒尔茨

（Christian Norberg-Schulz）

引 言

在短篇小说《最后在家的人》(Last man home)中,挪威作家 T· 韦索斯(Tarjei Vesaas)讲述了一个名叫纳特(Knut)的年轻人，到森林中伐木的故事。[1]纳特已经参加过多次这样的活动，但这一次，他突然认识到事件的意义。“纳特，你就在家中。”

什么?

没有人说话。但“你在家中”确实在今天发生了。在他出身的地方，一个奇妙、真实但简单的世界出现了。这是一份珍贵的礼物。他在放倒的和仍然挺立的树木之间走动。今天，他碰到了一些事情：

森林展现了自身。他自身所处的地方显现了。对人来说，这是重要的一天。

别人都离开了森林，纳特成了“最后在家的人”，他想留下来，看一看“大森林是怎样准备过夜的，看一看黑暗是怎样从地面、天空和地平线渗向森林的。他着迷了。尽管还不知道会发生什么，但他感到，如果要想追求正确真实的生活，自己就必须毕生待在森林里。”纳特留下来，不仅是要体验森林，而且是要去发现他自己。

“这个夜晚就像一个新的开端，好像专门为了在树木和沉默者之间的一种生活……然而并没有什么东西使得今天晚上不同于昨天和前天晚上……昨天和今天是一样的。前天也如此。去年也是这样。当父亲年轻时，森林也是这样。但是对纳特而言，今晚却有了新东西。

今晚，他觉察到所有事物的本来面目：一种超乎寻常的亲密关系。他从山丘、谷地和流水中生长出来。他本身就是一个果实、一个孩子。

今晚的思想就像一个开敞的容器。”

韦索斯的这个故事述说了“在家中”的含义。纳特忽然意识到要了解场所和归属场所的那些东西。他认识到，这个场所已经限定了他自身，限定了他的个性。场所的地点在他面前展现出来，成为“他自己的场所”，生活因为这种关系而变得“正确和真实”且富有意义。韦索斯进一步表明，这种展现就在对具体质量的体验之中。纳特知道了森林，懂得了在树木中的运动，听到了微微的风声，看到了黄昏的来临。当纳特留下来以肯定他本能所觉察到的东西时，森林悄声地说：“你就在家里”。他是被森林“扣留”下来的，尽管今后他会住在其他地方，但他总也不会忘记森林。值得指出的是，韦索斯并没有描述特别的地方，而只是把森林当做在其他许多地方也能看到且与人们相关的一种典型环境，而这种环境又影响了许多人。尽管我们知道，韦索斯讲述的是挪威特有的针叶林，但如果一个外国读者知道其他形式的森林，也会很容易理解故事的意义。的确，作者也可以对任何一种环境保护如沙漠、草原、沿海、山区进行类似的描写。主题都是一样的，韦索斯不过是富有诗意地表达了人们一种含蓄的说法：“我是森林人”或“我是高地人”。当我们如此来介绍自己身份时，地方便成了一种参照。独特的地方成了人们特性的一部分。由于地方归属于某种类型，人的特性也因此是普遍的。

韦索斯进一步间接地表明了人们在场所经历中的那些基本东西。他用了“大地”、“天空”和“地平线”等词来说明其内容。所有的地方都是由人们所站立的大地，人们头顶上的天空和地平线的尽端来限定的。然而，大地的特征却是多种多样的。在纳特的脚下是花石南和青苔，而在别人的脚下也许是沙子或石头。天空也各不相同，南方的天空像悬有烈日的高大穹顶，而北方的天空则似将过滤光线的“低低的”雾纱。地平线的特征是由具体的地形和植被来决定的。人们对这些不同情况的经历与昼夜和季节相联系。然而韦索斯却强调，结果并不是一系列短暂的印象。他描述了地方的一种永恒性质：今天的地方与昨天的，去年的，甚至和父亲年轻时的地方一样。

韦索斯在小说中之所以提到纳特的父亲，是想说明纳特的经历不仅仅是个人的。对每一个思想开放的人来说，这种经历都是一种客观“真理”，实存因此

图 1　挪威森林

图 2　住宅

成为“存在”。韦索斯因而说纳特获得了一份“珍贵的礼物”：可与别人分享的经历。作者明确地提到了“在树木与沉默的人之间的生活”。地方把人们聚在一起并且给予人们一种共同的特性，这种特性就是社会交往的基础。地方的永恒性使地方能够承担这种角色。

在故事的题目里，韦索斯也提到另一个“家”。在故事的结尾，纳特“回家”了。在森林里，纳特肯定是在“家中”，但他仍然需要一个房子，即通常意义上的住所。在另一篇文章中，韦索斯讨论了住房的意义：“真诚的心灵并不会随意漫游而没有一个家。它需要一个固定的点可以回归，它需要矩形的住房”。[2]“人们住在房子里，生活产生了无形的圈子。它们围合和邀请、限制并敞开入口。当人们从外部来接近住房这个固定点时，住房就像是一个新的礼物。”韦索斯再次使用了“礼物”一词。住房也是一个礼物，如同被感受到的周围环境那样。这个礼物就是住房建造者的“辐射”。作者对此作了如下的解释：“人们心花绽放，大脑沉思”……所以，“我的房子站立着，歌唱着……”心灵和思维的兴盛所产生的结果就是会“唱歌”的房子，它向周围辐射，人们走进室内，接受歌声这份礼物。

住房并不像森林那样，是一种“自然”的地方；住房是人造的，它因此所包含的信息也有所不同。韦索斯认为，住房和环境是相互依存的。他说，“住房坚实地立于大地之上”“如同熟睡在天空之下”。住房也相应地与天空和大地有关：“在宽广的坡地上，自然展现出和谐，而孤单的住房却与周围环境有些冲突。住房也许会获胜，也许会失败。”显然，韦索斯并不是说，住房的“胜利”就是要统治自然，而是让“住房坚实地立于大地之上”，使“令人愉悦的暮色”集聚在它的周围。当纳特回家时，他并不是到了一个与富有意义的外部世界不同的地方，而是到了一个与外部环境相和谐的内部世界。“我的家就固定在绿色地面之上”“当然地面也不是非绿地不可，因为家也可以出现在城市的街道之中。”尽管韦索斯非常熟悉自然场所和乡村住房，但他注意到，城市住房也具有同样的性质。

在结尾，韦索斯提到了住房的社会意义：“成年男女需要有一个地方结合在一起，地球上到处都这样”。再进一步看，住房之间关系密切，像家庭成员那样。“如果设计得当，你我的住房就会看上去相互友爱、同情和关照。”

韦索斯有力地说明了居住这词的真正含义。今天，我们通常将居住定义为头顶上的屋顶加上房间面积。这只是从物质和定量的意义上来理解居住概念的。然而，韦索斯却从存在的意义上对居住概念作出了定性的阐述。居住意味着归属某地，或是绿地，或是灰色街道，居住还要拥有使心花开放、思维开启的住房，这两个家相互关联。当人们进入住房时，外部环境也随之而入，毕竟外部世界是人们特性的一部分，同时也制约了人们的存在。这种相互依存的关系在住房中表现出来：“住房立在那儿，歌唱着……”住房讴歌居住者对环境的设计，住房辐射出人们的存在和生活内容。一些住房沉默，一些住房喧闹，而其他的住房则欢唱，人们在聆听。

定性意义上的居住是人类的一个基本条件。当人们认同一个地方时，人们就确定了自己存在于世的方法。居住因此对人们和地方都提出了要求。我们需要开放的思想，需要能提供众多认同可能性的地方。

第一章　居住与存在

存在于世

居住意味着在人与给定环境之间建立一种有意义的关系。我们在引言中提到，这种关系就是一种认同感，即归属某一地方的感觉。人们在定居时会重新发现自己，其存在于世也因此而确定。另一方面，人也是一个旅行者，总是在旅行的路上，会对居住地作出选择。在选择居住地时，人们也因此选择了与其他人之间的一种伙伴关系。这种辩证的离开和回来，道路和目标，就是存在“空间性”的实质，而这种空间性又是由建筑来完成的。[3]

这正是《城市》（CITADELLE）一书中的深刻而富有诗意的主题。作者圣埃克苏佩里（Saint-Exupéry）在书中写道：“我是城市的建设者。我留下了旅行的商队。风中只有一颗珍贵的种子。我顶着风将种子埋入土中，让雪松生长，显现上帝的荣耀。”[4]

在这本书中，人的环境是沙漠，以强调安居就是要培养和照顾土地。我们也可以说，生活和地方不可分割性是人类存在的质量。

四种居住方式

让我们先来讨论聚居区域。这需要来研究给定的自然环境，因为聚居地区只有在其与周围环境的关系中才能理解。聚居地区是展现居住自然属性的舞台。

也许有人会说，对此问题的讨论只是对历史有兴趣而已，因为在今天，人们几乎没有可能在一片处女地上，开拓新的聚居地区。当今，人们从一出世便被“抛入”一个已经存在的人造环境之中，人们因此只能去适应环境，而并没有很多的选择。这种说法无疑是对的，然而现有的地方也应当被理解为新的聚居区域，这样就回答了人们在给定世界中找到立足之地这样一个最初的问题。在现有环境中建造新建筑，从某种意义上说，也是一种建设聚居地区的活动。

当聚居区域建成时，其他与人们聚居相关的基本形式便开始起作用。聚居地区是人们相互交往的场所，人们在此交换商品，交流思想和情感。从古代起，城市空间就一直是人们相遇的舞台。相遇并不一定表明人们有完全一致的看法，而主要是意味着人们以不同的背景走到一起。因此，城市空间基本上是一个可以看到“多种可能性”的地方和环境。居住在城市中，人们可以体验到世界的丰富性。我们可以把这种居住形式叫做集合的居住，这里“集合”是指该词的原初含义：聚集或汇集。

当人们从多种环境中作出选择时，相互一致的形制就建立起来。在这种情况下，聚集比起仅仅是相遇更具有一种结构性。相互一致意味着共同的兴趣或价值构成了社会交往的基础。相互一致和共同价值的保持和“必然表现”是通过公共人造形式来实现的。这种公共形式就是普遍意义上的公共建筑物，我们把这种居住形式叫做公共居住。“公共”一词是指社区所共享的东西。公共建筑物因具化了一组信仰或价值而具有“说明”这些共享价值的功能，以使共同的世界显现出来。

选择也更多地与个人相关，而每一个人的生活都有独特的轨迹。居住因此也包括了一种隐退生活，以限定和发展自身的个性。我们将此叫做私密的居住，这种隐退生活是为了不受他人的干扰。应当指出的是，这种隐退生活并不是什么反常的行为，因为私密生活也有既定和共享的准则。

展现私密生活的舞台就是住房，它是一种“庇护所”，人们在此聚集和分享构成个人世界的那些记忆。

聚居区域、城市空间、公共建筑和居住房屋构成了总体环境，容纳了自然、集合、公共和私密的居住生活。我们要以决定四种居住形式的存在结构作为出发点，来研究所有这些环境层次。研究因此是以人为基础的，但并不是通常心理学和社会学意义上的人。对四种居住形式及其相关建筑形式的探讨并不能完成对居住问题的研究。为达到对居住的总体认识，我们必须探讨居住的形式是

图 3　四种居住方式：班贝格城，1493 年

图 4 “广场设计方案”，贾科梅蒂（A.Giacometti），1950 年

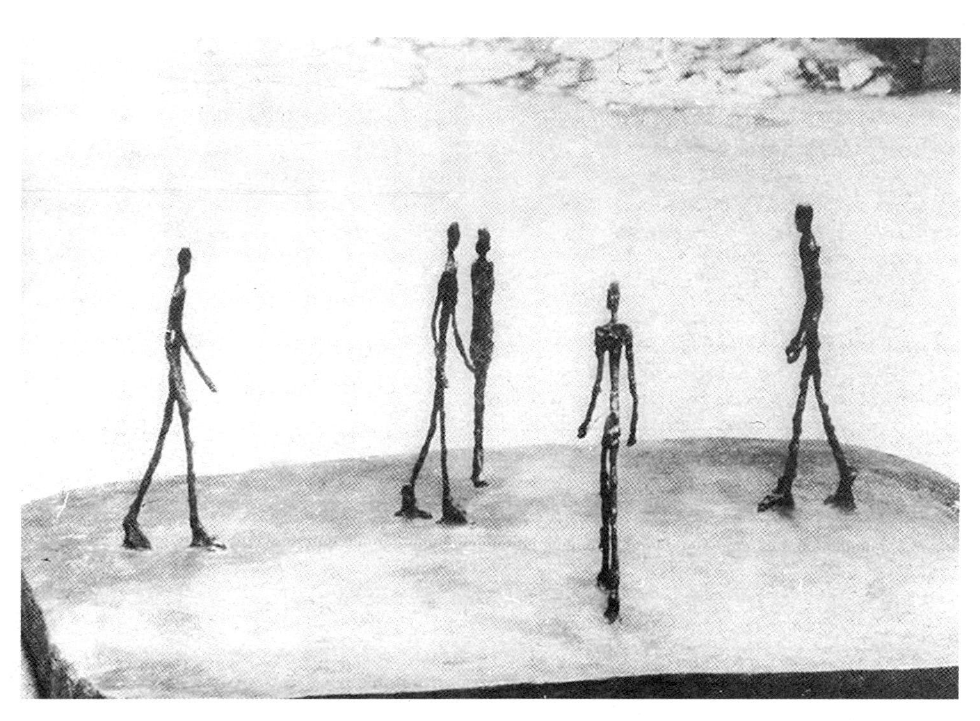

图 5 “图形质量”：拉齐奥区的卡尔卡塔镇

否有共同的特性。要回答这个问题，我们必须回到出发点：认同的概念。

居住的两个方面

从普遍的意义上看，认同意味着对“总体环境”的经历是有意义的。然而，在总体环境中，某些东西显得特别重要，用格式塔心理学中的术语来说，就是在相对松散“背景”中明确显现出来的那些更具结构的图形。[5]在韦索斯的故事中，“森林”和“住房”具有这种质量。人们所要认同的物体显然就是这些东西。与此同时，人们在物体中定位自己，以便作出相应的行动。[6]我们也可以认为，人们的存在于世是由地点和状况构成的。认同与事物的质量有关，而定位却要掌握空间关系。显然，我们也许在事物中定位时并不真正认同它们，我们也会在认同某些质量时，并不完全涉及定位功能。因此，区别居住中的认同和定位是有意义的，尽管它们总会同时存在，而且其中的一个方面也许会因为具体情况而表现得强烈一些。认同和定位形成了居住的总体结构，成为四种居住形式的共有特征。

从上述讨论中，我们可以看到，认同和具体形式相关，而定位则与空间秩序联系。两者与建筑的“具化”和“容纳”功能相互对应。任何一个环境都会以具体形式表现某种意义，同时也会准许某

些行为发生。

我们将在后面深入探讨这些功能。现在，我们先来进一步研究这两个方面，因为它们规定了我们对居住进行分析的总体研究方法。

认同

我们已经指出，认同就是要与事物的世界建立一种有意义的关系。因此，作为第一步，我们要来定义“事物”的概念。现在，人们通常认为事物只是由感官知觉合成的“构成物”。事物所直接呈现的就是感官信息，它们成为对事物“体验”的结果。然而，这种“科学”的方法，却会将我们从具体的实在引向一种危险的抽象，从而留下一个相对和没有意义的世界。在现象学哲学的启示下，一种反对相对原子论的思想因此出现。胡塞尔（Husserl）下述口号和论点成为现象学的出发点：“回到事物本身”；现代科学并不能使我们理解具体的“生活世界”。[7] 生活世界并不是由感觉组成，而是一个包含特征和意义事物的世界，这些事物并不是必须由个人的经历“构建”而成。梅洛－庞蒂（Merleau-Ponty）指出，“事物并不能通过感官，感觉或是看法来传递；我们直接面对事物，我们只能从次要的方面了解自己知识和认知的局限性。”[8] 人从一开始，就有一个世界，一个已经存在的世界。梅洛－庞蒂因此

图 6　事物：“静物写生”，莫德松－贝克尔（P.Modersohn-Becker），1905 年

图 7　“瓶子在空间中的发展”，波丘尼（U.Boccioni）作，1912 年

断言："……在与事物的交往中，每一个人都有某种纯真的先验特征……一个事物的意义就存在于那个事物之中……"[9] 庞蒂还说"事物先于和独立于人，具有一种奇妙的表述：一种内在的实在通过自身的外部显现出来……"[10]"表述是事物的自身语言，源于其自身的构成"[11] 那么，什么是通过自身构成来显现意义的事物呢？海德格尔（Heidegger）在一篇著名的文章中给出了答案。他把事物定义为一种"世界的集聚"。[12] 他找回了事物一词的原初意义即集聚，并且通过对一个罐子的现象学分析，阐明了这个重要事实。接着他又认为，世界是由天、地、人、神"四方面"的事物集聚而成。这四个方面构成了一组相互反射的镜子，"其中每一面镜子都以自身的方式反射出其他元素的基本性质。"[13] 换句话说，事物与世界的基本结构相互关联。事物使世界得以出现，从而影响人们。海德格尔说，"我们是受事物影响的"。认同意味着通过理解事物来获得一个世界。"理解"（understanding）一词在此取其站在之下或之中的原意。

如果把海德格尔有关事物的概念与居住问题联系起来，我们也许可以说，居住主要在于拥有一个事物的世界，这种拥有不是物质意义上的，而是一种能力来理解事物所集聚的意义。海德格尔说，"事物给人们带来了一个世界"。如果我们理解了事物的信息，我们便获得了存在的根基，这个根基就是居住。

在以罐子为例进行说明时，海德格尔超越了自然所给定的事物。罐子是人造的，所以也是一件作品。在制作像罐子这样一种事物时，人们有意识地在集聚一个世界，或用海德格尔的话来说，"把一个世界设计在作品之中"[14] 我们由此可以看到居住的双重性质：一方面是对自然或人造的给定事物的理解能力，另一方面是创造作品来保持和说明已被理解的东西。在我们的研究中，这些作品就是居住区域、城市空间、公共建筑和住房，它们都集聚了一个四重世界。

下面的例子可以用来说明世界、事物和作品之间的关系。波丘尼(Boccioni)的雕塑"瓶子在空间中的发展"（1912年）"解释"了瓶子的事物性质。作为一个事物，瓶子具有一种内部的实在和特性，这种特性存在于它所集聚的世界之中，并通过自身的形象构成或格式塔表达出来。然而，这种表达并不是一下子就那么清楚。瓶子站立在那儿，展现自身，但其意义却是隐含的。波丘尼的艺术作品揭示了这种意义。作品告诉人们瓶子是什么，并将其与别的容器如壶和罐子区别开来。

瓶子里装有液体。瓶子在围合的同时又表现出其中的内容。即使瓶子带有颜色，我们也会透过玻璃觉察到液体的挥发性；一种潜在的运动和在材料中的反射使事物显出生气。（陶土罐就没有这种生气，其特征就在于隐藏，就在于材料和形式与内藏物之间的对比。）瓶子的造型表现出生动的光线效果。运动和短暂的现象被固定了，成为事物的永恒世界的一部分。当瓶子在空间中升起和站立时，它征服了多变性，并在静态的中心集聚了多样性。所以，瓶子必须比较细长且对称于竖向轴线，不允许任何的不规则性。然而，透明和反射却产生了内外之间相互作用的一种动感。（在细颈瓶中，这种效果是通过各个小面来强调的。）瓶子因此既静又动。瓶装物显示出瓶子作为静态和动态中心的意义。水和酒、泉水和果汁作为天地赐给人类的礼物被集聚在瓶中，成为人们围绕而坐的中心。瓶子因此把世界带近了。（一个罐子就不可能以同样的方式构成中心，罐嘴和把子所指示的方向使其并不占据空间的中心。）

波丘尼说明了瓶子的现象学。在他的作品中，类似瓶子的物体向上升起，从直线和曲线元素的复合形式中产生一种秩序的力量。没有瓶子，这种构成便会显得混乱无序。然而，作为集聚的中心，瓶子在整个作品形式中并不孤立，而是以多面体块的轮廓表现出与周围环境的一种积极关系。瓶子因而在空中升起和"发展"，在瞬变中成为具有集聚力

图 8 大地与天空：风景画，勒伊斯达尔（J. Ruisdael）作，约 1670 年

图 9 人居环境：冬天的景色，勃鲁盖尔（P. Bruegel）作，约 1560 年

的事物。

从普遍的意义上看，波丘尼的作品告诉我们，人们必须理解给定的事物，从而使之成为一种具有生命力的世界。人们可以通过艺术品来达到真正的理解，因为它揭示了事物的事物性。海德格尔说“诗歌使我们得以真正居住下来”[15]“诗歌并不在地球上空高飞和超越来回避或盘旋其上。诗歌首先把人们带到大地之上，使人们归属于大地，并居住下来。”[16]建筑作品正是具有这种诗意的启迪物，使人们居住下来。下面，我们将以世界的概念为出发点，讨论建筑作品的内容，即建筑作品所集聚的世界，以及达到这种集聚目的的手段和方法。我们以上所讨论的“世界”是由许多各具特性但却相互关联的事物构成。然而，海德格尔的天地人神的四个方面却是一种更为普遍的结构。他用天空和大地的范畴使我们看到了事物的基本秩序。“大地是服务的载体，它孕育了花朵，结出了果实，它在岩石和水体中伸展，在植物和动物中升起……”“天空是太阳运行的拱形轨道，也是月亮发生周期性变化的通路；天空中有漫游的星体，四季的变换，白天的日光和黄昏，夜晚的朦胧与闪烁，温和与严酷的气候，飘浮的云朵和湛蓝的天穹。”[17]这段话描述了一种普遍和具体的现象学世界，其中的事物具有生命的活力，构成了有意义的整体。

图 10　气氛：月光下的格赖夫斯瓦尔德城(Greifswald)，弗里德里希（C.D.Friedrich）作，1817 年

接着，人出场了，海德格尔说，“从广泛和基本的意义上看，居住这词就是人们在天地之间从生到死的旅行方式。在每一个地方，旅行都保持了居住的基本意义：在天地之间，在生死之间，在作品与世界之间。如果我们把这些多重之间叫做世界，那么这个世界就是人们居住的房屋。独立住房、村庄、城市是建筑作品，它们在其内部和周围聚集了这些多重之间。建筑物使大地成为适合人们居住的环境，同时又把相邻的住房排列在广阔的天空之下。”[18]

建筑作品所聚集的世界因此是一种“居住环境”，这种居住环境在此被“理解”为天地整体的一个特例，与四种居住形式相关。建筑作品以不同的环境层次，使这种理解成为一种具体的实在。事物以其自身的物质形式来完成集聚的功能。换句话说，建筑作品是人们进行认同的物体，因为它们体现了存在的意义，使世界以其自身的面貌出现。这种体现是如何完成的？波丘尼的作品告诉我们，这种集聚功能取决于瓶子在空间中的“存在”状态：瓶子的站立，开敞，闭合，反射，等等。表现因而基本上是面貌上的，而与事物的属性无关，认同就在于人体自身和物体的具体形式之间的一种密切的互动关系。总体上看，任何体现都会“反射”其他事物，表现出在天地之间存在的某种方式。

图 11　中心是图形：位于托迪（Todi）的圣玛丽亚教堂，建于 1508 年

然而，在天地“之间”并不只是一种事物互相联系的复合整体，它也可以是任何时刻所表现出来的某种“气氛”。所有的自然环境都以某种气氛为特征，而这种气氛又产生于气候和季节的变化。这种气氛十分重要，因为它在环境中起有一种统一的作用，认同也同时要面对环境特征。在过去，一个地方的独到特征或精神叫做场所精神。[19] 场所精神首先取决于出现在大量事物和作品之中的一种表现形式的方式。

通过认同，人们占据了一个世界，也因此获得了一种特性。今天，特性通常被理解为一个人的“内在”特质，成长被理解为“实现”潜在的自身。然而，认同理论告诉我们，认同更在于被理解事物的内在化，而成长取决于对周围环境的开敞。尽管世界是直接给定的，但人们必须对之进行解读，以达到理解的目的。虽然人是世界的一部分，但人必须使自己的归属具体化，从而获得在家之感。

定位

认同与人们的日常生活密不可分，与人们的行动相互关联。一般地说，人们的所作所为取决于定位的心理功能。我们已经指出，作为一种规则，行动可以被理解为目标和通路，两者一起构成了或多或少已知地方的领地或领域。换

图 12　中心是世界轴线：伊特拉斯坎墓

图 13　通路：斯波莱托城中的街道

图 14　升起：佛罗伦萨的美第奇府邸，米开罗佐（Michelozzo）设计，约 1444 年

句话说，人们根据一种“环境形象”来行动，而这种形象又与环境的空间组织有关。凯文·林奇（Kevin Lynch）说，“良好的环境形象会给人们在情感上提供一种重要的安全感”，“与之相反的是由于迷失方向而产生的恐惧感。”[20] 显然，形象会随着情况而变化，但我们可以找到一种基本的定位现象学：存在空间的现象学。[21] 这种现象学旨在限定中心、通路和领域的意义，而与这三词的“内容”无关。目标或中心是存在空间的基本元素。人们的生活总是与中心有关，因为中心是主要行动发生的地方。各种环境层次中都有中心：聚居地区是人们从自然环境到达居住环境的中心，广场是聚居地区中的集会中心，公共建筑物是城市中表述的中心，而住房则是个人生活的中心。一般地说，中心代表了已知的事物，与未知且也许令人惧怕的周围环境形成对比。在博尔诺（Bollnow）看来，“中心是人们心灵存在的空间位置，在中心，人们漫游徘徊，住在空间中。”[22] 结果，人们总是认为整个世界处于中心位置。古希腊人把世界的“中心”放在德尔斐，古罗马人认为自己的首都就是整个世界的首都，麦加的克尔白现在仍然是伊斯兰世界的中心。“发现和制造一个固定点——中心，就等于是创造一个世界”[23] 伊利亚德（Eliade）的这段话说出了意义和中心之间的紧密关系。用林奇的话来说，中心

也许是“地标”或“中心点”，它们以一种醒目且易于辨认的“图形”出现，这里“图形”一词借自格式塔心理学。我们将在后面讨论各种环境层次中的中心现象学。在普遍的意义上，中心被体验为世界的竖向轴线，它连接了大地和天空，所有的水平运动在此终止。这就是为什么公共建筑物通常就是中心，为什么竖向性被认为是空间的神秘尺度。竖向轴线代表了一条“通路”，通向比日常生活“或高或低”的一种实在，这种实在或是征服或是屈从地球的重力。世界轴线因而不仅仅是地球上的一个中心，作为宇宙王国的连接物，它还是由一个王国跃升到另一个王国的途径。人们生活在天地之间，竖向性因此被体验为张力之线。

道路和轴线是中心的必要补充，因为中心包含了外部和内部，换句话说，中心包含了到达和离开的行动。勒·柯布西耶说过“轴线也许是最早的人类表现形式”，“它是每一个人的行为方式。学步儿童沿轴线而移动，人们力求在充满风浪的生活轨迹中踏出轴线。”[24]“十字路口”，“挡住别人的去路”，“在正确的道路上”这类词汇表现了道路存在的意义。道路出现在所有的环境层次中，表现出一种运动的可能性，从而与“迷路”[25]的经历形成对照。方向也是世界的一个内在特质，在各种文化中，东

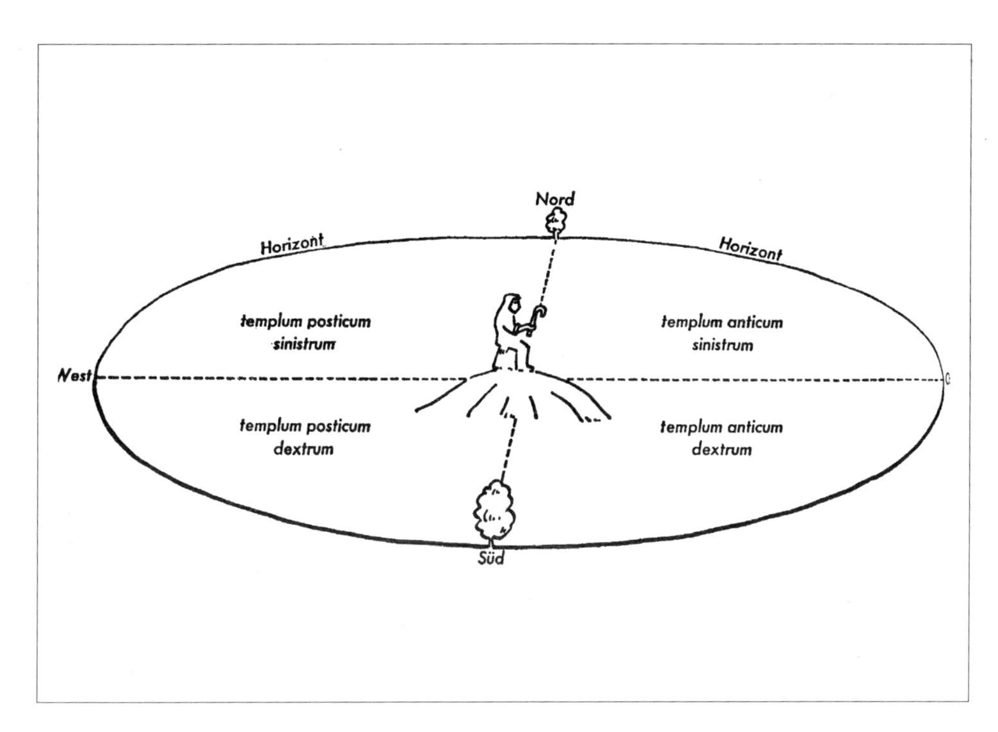

图 15　罗马人的四分布局［根据穆勒（Müller）研究］

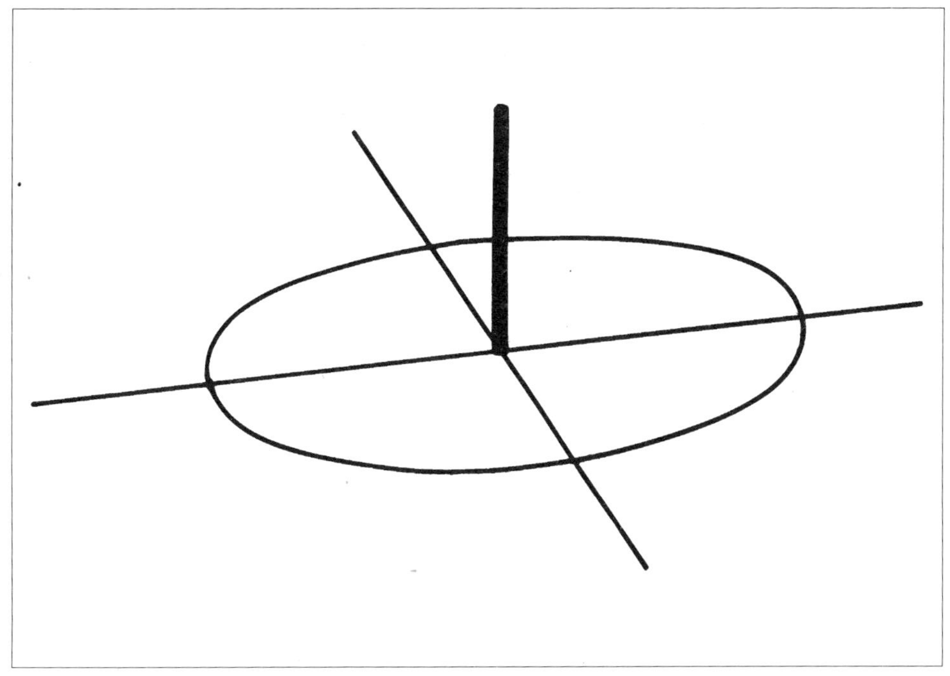

图 16　存在空间的结构

图 17　北欧剪影：斯德哥尔摩住宅

南西北都被看做具有不同质量的四个方向。四个主要方向因而成为定位的参照系统。在某些情况中，方向成了人们存在于世的主要象征，如古埃及大道、古罗马的一对交叉轴线和基督教的十字架。我们将在后面讨论在各种环境层次上的道路现象学。在此，我们需要稍提一下道路和方向的某些方面。水平通道在总体上代表了人们具体的行动世界，而所有道路的方向构成了一个无限伸展的平面。在此平面上，人们选择和开通道路，赋予人类存在空间以特别的结构。有时，道路引向某一已知的目标，但通常只是提供了一个所期望的方向，然后逐步消失在未知的路程里。道路一般是由其"连续性"来决定的，"连续性"是格式塔心理学中的另一个术语。在任何一种情况下，沿着道路的运动都是通过一定的节奏来实现的。这与同竖向轴线相联系的张力形成互补。张力和节奏因此是人们在世界中定位的基本特质。

中心和道路的"图形质量"由结构相对较弱的"背景环境"衬托出来。建筑环境的形象因而是由不同伸展程度的领域构成，而这些领域又有某种质量上的统一性。我们在这些领域中进行定位并与其相互关联，这些领域在存在空间中具有一种统合的功能。它们充实了由道路串成的网络,使其成为一种"空间"。谈到自己的国家和整个地球，我们就首

图 18　类型学：学校设计方案，克里尔（L. Krier）设计，1977—1979 年

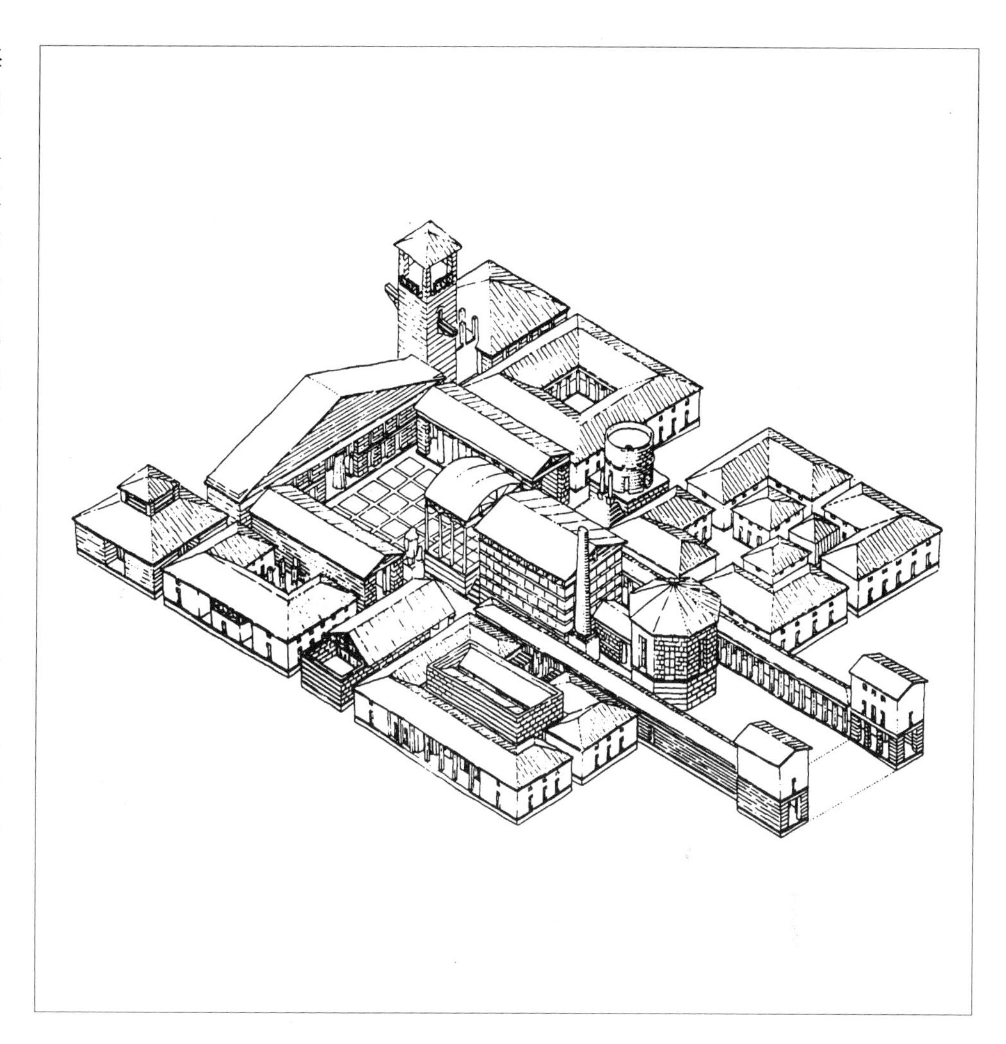

先会想到田野、湖泊、沙漠、山脉、海洋这些领域，它们构成了连续镶嵌的图案。领域因所具有的普遍质量而成为人们行为发生的场所。定位就是要通过道路和中心把环境组织成领域。古罗马的聚居地区就是一个例子。聚居地区中的一对轴线不仅给出了主要方向，而且也把环境分为四个领域或“四分区域”。城市区域现在仍被称为“四分区域”。从古代起，世界就被构想为由四个部分组成，古罗马城市也就反映了世界意象。古罗马人为聚居地区而举行的奠基仪式，就是要划定一个与主要中心相关的全面空间秩序。[26] 这个秩序被建立在地平线之中，地平线也因此成了定位的基本元素。领域的构成元素以其明显的张力和节奏构成了领域独有的“气氛”。我们已经指出，气氛是认同的基本物体，人们在带有气氛的领域中进行定位，从而实现了存在于世的目标。

我们对定位问题的讨论表明，拥有一个世界不仅是对事物所体现出来的质量的认同，而且也是在这些事物构成的空间中的定位。空间可以容纳行动，从而使生活得以展开。然而，作为天地之间的存在空间却与数学空间有着根本的不同。存在空间的中心和方向是由质量来决定的，因此它是有所区别而不是各向同性的。存在空间的设计因而不是一个简单的几何形式的运用问题。在此，

图19　升起的设计：挪威楼阁，戎杰姆（J. Rönjom）设计，约1790年

定位的概念是一个关键，正如对认同研究所表明的那样，一个建筑物是如何具化存在的意义。具化的意义取决于建筑物是如何站立、升起，如何开敞、闭合，而容纳则取决于中心、道路和领域的空间组织。在所有的环境层次上，建筑作品都必须具有这种空间秩序，而这种空间秩序又与给定自然环境和人们的活动形式有关。

所以，建筑物以其形式不仅聚集了众多之间的事物，而且同时展现了一定状况的空间质量。任何一种空间组织的容纳方式都表现了在天地之间存在的某种方式。

建筑语言

人们用建筑的手段来为自己的存在于世创造生活空间。从总体上看，建筑手段包括体现和容纳，用建筑的术语来讲，就是人造形式和经过组织的空间。我们已经确信，人造形式和经过组织的空间具有普遍的特性，它们体现在不同的环境层次中。普遍特性并不是具体意义上的，而只是一些明确的可能性，这些可能性必须体现在聚居地区、城市空间、公共建筑、居住房屋这些作品之中。单个建筑作品只是“并不存在”的总体类别中的一个例子。建筑作品的类别通常叫做类型，这个术语既可以指规模较大的群体（例如,聚居区域和城市空间），

又可以指尺寸比较有限的元素（例如单体建筑物及其各个组成部分）。人造形式，经过组织的空间和建筑类型包括了居住的方面和方式，从而构成了一种手段的“语言”，来满足集聚天地之间众多事物的需要。我们可以把对这三种相互联系的建筑语言的元素的研究分别叫做形态学、空间结构学和类型学。[27]

形态学关注人造形式的面貌，在单个建筑作品中就是“形式的明确表达”。从上述的讨论中来看，人造形式总是被理解为在天地之间的存在，即建筑作品的站立、升起和开口。“站立”是与大地的关系，“升起”是和天空的关系，而“开口”则是与环境的相互作用，即内部与外部的关系。站立体现在对建筑基座和墙体的处理上，厚重和凹型的基座使建筑物贴近大地，而对竖直方向的强调则要使建筑物“自由”。竖向性、升起的线条和类似剪影轮廓的这些形式，表达了一种与天空的积极关系和接受光线的愿望。内外的关系首先表现在墙体开口的设计上。在墙体中，大地和天空相遇，人们在大地上的存在就具化在这种相遇之中。然而大地与天空的相遇并不仅仅表现在竖向的张力中。“大地”和“天空”也意味着实在的特性，例如材料、质感、色彩和光线。从总体上看，形态学研究楼/地面、墙体和屋顶/顶棚的具体结构，或者简单地说，研究空间边界。形式的

图20　站立的设计：雅典的赫法伊特翁（Hephaisteion）神庙，公元前450—前440年

图21　开口的设计：巴勒莱斯的住宅，伍重设计（J. Utzon）

图 22　诗样的居住：古比奥（Gubbio）

特征由其边界来决定。海德格尔说："边界并不是事物终止的地方，而是正如古希腊人所认识到的，边界是事物开始显现的地方。"[28]

空间结构学（Topology）关注空间秩序，在单个建筑作品中就是"空间的组织"。"空间结构"一词是指建筑空间来自具体的地方（古希腊语是 Topos）而不是抽象的数学空间。我们已经讨论了经过组织的空间的基本组成元素：中心、通路和领域，它们共同构成了横向平面的简单结构：通路细分了平面，水平线限定了平面，竖向轴线穿破了平面。[29] 在各种环境层次上，这种结构或多或少地被清楚地表现出来，其带有变化的重复构成了复杂的整体。在某些情况中，结构元素并没有明确的几何形式，而只是呈现为"拓扑"结构：一种可以用邻近、连续和闭合来描述的结构。[30] 这种结构表现了人们对环境的理解不够明确。然而，当构成元素具有精确的几何形式时，从自然中抽象出来或是人工所为的环境组织就表现得更为明确。

存在空间的一个基本特质就是水平和竖向的明确区分。这两个方向也相应成为建筑语言的构成要素。[31] 水平方向与大地有关，而竖直方向则与天空相连，它们决定了在相应建筑作品中所表现出来的居住类别。为了达到表现的目的，水平和竖直方向的元素必须是人工建造的。这两个方向因此是统合经过组织的空间和人造形式的共有要素，它们使建筑具有图形的特性，成为人们存在于世的一种方法。最后来看一下类型学。类型学关注居住方式的表现形式。类型这词是指地方和场所并不是众多不同情况的集合，而是构成了具有特征意义的世界。尽管从广义上看，聚居区域、城市空间、公共建筑、居住房屋已经说明了这个事实，但我们还可以进一步细究类型的差别，来讨论"塔楼"、"厅堂"、"圆顶"、"山墙"等等。在单体建筑中，类型表现为一种形象或图形。建筑语言因此包含了所有环境层次中的原型。原型可以被定义为居住的方式，通过空间组织和设计的基本原则具体表现出来。[32] 类型是建筑学的本质，与会话语言中的名称相对应。名称与事物相对应，以表达日常生活世界的内容。事实上，世界不仅仅是一个事物的世界，也是一个名称的世界。海德格尔说过，"语言是存在的住所。"[33] 语言因此不仅仅是交流的工具，而且揭示了基本的存在结构。原型也因此揭示出基本的生活状况。人们在世界上的存在具有一定的结构，这种结构又通过建筑来保持和显现。显然，一个建筑作品并不能表现全部的世界，而只能显示世界的某些方面，"人居环境"的概念就清楚地表明了这一点。类型本质的意义是普遍的，而单个作品是类型主题的变体，表现出对某种具体环境的适应。

作品的设计

作品的设计是一个包括了两个方面的过程。首先，运用人造形式和经过组织的空间的基本原则，将居住方式转变为一种类型的实体。其次，根据具体的情况来调整这种类型。第一方面包含了建筑语言，而第二个方面则使作品"说话"。路易斯·康说"一个建筑作品是对建筑业的贡品"，其意思是，建筑语言可以产生作品。当语言被用来表达具体情况时，普遍的东西就与当地当时的条件联系起来。普遍的是指形态学、结构学和类型学的基本事实，而当地当时则是指给定的环境和实际的建筑任务。这样的语言是永恒的，普遍适用的，尽管它包含了人类的原初"记忆"。然而，生活在时间中发生，需要人们的理解和参与。生活是复杂的，无常的，当生活与普遍的原则没有关系时，它就没有意义。生活就是要抗拒无常，就是要把"谷种播到地里去"。这并不意味着要终止时间的进程，而是表明某一时刻是永恒原则中的一个具体状况。

然而，众所周知，历史并不能被理解为一系列时刻的连续。历史由"重要时期"和"传统"构成，从而在变化中保持相对的恒常。在某种程度上，这种恒常可以被解释为经久场所的一个结果。场所并不是一直处在变化之中，局部的调整在长时间内是基本相似的。恒常性也由于是记忆的缘故。在语言中所保有的那些原始记忆之外，任何传统都包括了特定的记忆，这些记忆表现为某种“风格”，即一组特别的形式。从总体上看，记忆总是记录了“天地之间的众多事物”，正像古希腊人对记忆女神（Mnemosyne）所理解的那样，记忆是天地结合的产物。作为诗人之母，记忆女神创造了艺术。事实上，艺术帮助人们记住每一时刻的普遍价值，赋予生活以意义。

作品的设计表现了具体时空条件下对永恒的理解，这意味着要调整建筑的原型。在具体时空中“影响力量”的作用下，原型并不会因变化而失掉原有的特性。古典建筑语言的传播就是一个极好的例子。“调整”也意味着结合和互动。作为具有集聚事物功能的建筑作品也许可以统一若干原型而形成一种新的综合。不管是简单还是复杂，作品总具有形象和图形的质量。海德格尔说，“诗篇通过形象表述”，“形象的本质就是显现事物。”[34]“图形”一词表明，建筑形象以一种具体的形状或体量出现，从而属于事物的范畴。一种图形以具体的面貌出现，参与了环境的组成。我们也可以认为，图形再现了失去的原型，将永恒带入运动和变化之中。所以，建筑作品的意义在于它能从以下几个方面集聚世界：从普遍和典型的意义上，从具体时空的意义上，从历史某一时刻的意义上。作品最终以某种事物即图形表达了天地之间的居住方式。一个建筑作品不会在真空中出现，而是处于事物和人的世界之中，并且揭示出世界的本来面目。建筑作品因而可以帮助人们诗一般地居住在天地之间。当人们能够“倾听”事物的诉说，能够把对建筑语言的理解设计到作品之中时，人们的居住就可以达到诗意的境界。

第二章　聚居区域

要在自然环境中安居，就要划定一个区域，即一个地方。人们停止漂泊的脚步，说：就在这里安居。然后人们创造由“外部”“所围合成的内部”。聚居区域因此是一个到达点。[35]当我们走向某一聚居区域时，我们也许有过这样一种愉快的经历：聚居区域就像“事物”那样等待着我们。从远处，我们首先会看到聚居区域的主要轮廓和高耸的元素，如教堂的尖顶。距离近一点时，居住地中的建筑形状就变得较为清晰明确，“告诉”人们潜藏在建筑内部的某些东西。来自不同环境背景的人们会有不同的接近聚居区域的经历。来自森林的人与来自田野和海滨的人不一样；但人们总有接近目标的感觉。这个目标像磁铁一样吸引人们，唤起人们的期望。

一个聚居区域怎样才能成为一个目标呢？正是那种人们到达某地的经历暗示了一种与身后所留下的环境之间的关系。一个目标不会出现在真空中；它是一个与周围环境有关系的目标。我们已经说过，这种关系在于“集聚”周围的世界。聚居区域因此是一个中心，欢迎人们去安居。在中心，人们不会感到是在不同的地方，而是在环境已经得到“说明”的地方。如果有人的私家住房在郊区，那么，当此人访问中心的时候，他不应有外人的感觉，而是觉得郊区是更大整体的一部分。

聚居区域可以集聚某种综合的世界。田地和村落与其相邻的环境相关，尽管这些环境属于一个更大的地区，而市镇则有更为广泛的参照系统。都城应是一个国家集聚的中心。从总体上看，安居就是要与环境建立一种“友好”的关系。这种友好关系意味着人们要尊重和关心给定的环境。然而，关心并不是不去改变已有事物，而是应当揭示和培养事物，从而使聚居区域成为人类生活的场所。

每一种自然环境都因一定的特征和空间结构而获得名称，例如“谷地”、“盆地”和“平原”。也就是说，空间因不同的地形、岩石、植被和水体而展现出不同的面貌。定位也很重要，因为它将地点与自然光线和特定的小气候联系起来。自然环境具有不同程度的复杂性，由带有明确特征的从属地区构成。在历史上，这种不同性决定了展现自然“力量”[36]圣所的地点。那些由自然环境本身所形成的中心具有特别的意义，在这些地方中，世界集聚了自身。显然，自然的中心在人们选择聚居区域时起有一种决定性的作用，因而应当得到相应的关注。

那么，自然中心具有什么特质呢？一般地说，自然中心就是一种地方，大地和天空相互关联，形成了一种引人注目的整体。这种关联有三种特征形式。第一，大地升向天空，形成山峰和山脊。“高地”总为人喜欢，因为它不仅给人一种接近天空的感觉，而且也提供了鸟瞰周围环境的可能性。高地因此理所当然地给人一种在中心的感觉。第二，大地凹陷形成盆地或谷地来“接受”天空。这种凹陷之地通常比周围土地更为肥沃，因而表明天空是一种肥沃之源。盆地由升起的水平面包围，使天空如同一个规则的圆顶。第三，大地反射天空并与之融为一体，例如池塘、湖泊和海湾这类有明确边界的水面。湖泊通过水中的倒影来集聚世界，揭示出地方的总体气氛，而倒影世界并不构成物体。然而，倒影并不是平展的，而是表现了天空的高度和大地的深度。它所提供的气氛深不可测，世界看上去就像是启示和遮蔽同时存在的地方。难怪人们总是把湖泊和海湾当做重要的出行目标，以便在旅途中得到休息。

当一个自然中心被用作安居之地时，建筑物可以用来揭示和加强已有的特征，我们把这种情况叫做“视觉显现”。[37]建筑物可以用来突出山峰或山脊，如许多意大利的山丘城镇。建筑物也可以成为一个盆地的中心，或是通常与连接两岸的桥梁一起构成伸展流域中的一个停驻点。建筑物还可以沿湖泊和海湾而建，提供观赏天地倒影的场所。

在没有自然中心的情况下，如在沙

图 23　到达：拉齐奥区的帕隆巴拉萨比纳

图 24　到达：拉齐奥区的费伦蒂诺城

漠中或是伸展的平原上，建筑物就必须补缺。这种情况叫做补充。也就是说，用建筑物来限定一个区域，建立一种与天地的关系。事实上，沙漠建筑中有两个突出的元素：用以挡住环境无限伸展的围墙和既是中心又是世界轴线的细长的竖向元素（例如光塔）。在这两种情况中，人造形式和经过组织的空间都会将一个地点转变成居住场所。我们应当更为具体地来考虑这两种情况，以便理解聚居区域的性质。我们将以到达经历作为讨论的出发点。

作为一个目标，聚居区域必须具有与周围环境相关的“图形质量”。正是这种质量才可能使聚居区域成为“场所”。当一组建筑物相对密集排列或具有明确边界时，图形才得以出现。历史上出现的城墙不仅具有防护的目的，而且成为一个重要的地方特征。呈散乱布局的建筑物就没有这种特征，同时也破坏了连续的自然环境背景。然而，“图形质量”会随着当地的地形条件而有所改变。与带有各种不同“微型结构”的环境相比，结构宏大的环境会使大型建筑物显得更为自然一些。总体来看，“图形质量”取决于人造形式和经过组织的空间。

形态学

当人们接近某一聚居区域时，天际轮廓线通常至关重要。在人们的视野中，

图 25　自然景观的元素：挪威风景，弗林托（Flintoe）作，1830 年

是一幅建筑物以某种方式从大地升向天空的图像。这种站立和升起决定了人们的期盼，告诉人们到了哪里。聚居区域因此展现了一种独有的地点特征，显现和补充了环境。在人们穿越一种环境时，环境就会呈现出“某种基调”，聚居区域应当为人们对基调的期待提供答案。由于环境的效果取决于大地与天空的集聚方式，聚居区域应当显现出与之类似的关系。聚居区域因而可以浓缩和展现了地方的特征。我们也可以说，聚居区域是一个焦点，它以自身的站立和升起方式集聚了周围环境中的质量。

在古老的城市地图中，地方总是通过立面和平面，或用我们的术语、人造形式和经过组织的空间来表现的。立面图因可以直接显示出聚居区域的特征而出现得更多。（“立面”一词实际上是指某种事物是如何从地面向上升起的。）梅里安（Merian）在 1650 年左右出版了一本地形学著作，其中就有大量的实例。[38] 实例中有伊斯坦布尔和布拉格，城市的整体天际轮廓线因为地形与人造形式之间的密切呼应而成为人们认同的物体。不过，在更多的情况下，地方的特征取决于主要建筑形式中那些突出的竖向元素。塔楼和圆顶因此是主要的“图形”，代表了聚居区域与周围环境的关系。罗马圣彼得教堂的圆顶，维也纳圣斯蒂芬教堂的尖塔，巴黎的埃菲尔铁塔，纽约

图 26　自然环境与聚居区域：阿西西

下曼哈顿的高层楼群，都是这方面著名的例证。即使当聚居区域缺乏基本“图形质量”时，例如今天的许多城市，塔楼仍然可以代表一个地方，使得人们的认同和定位活动成为可能。

塔楼或圆顶以某种方式立于天地之间，形成一个人造的中心，使居住环境更接近人们。这是通过两个方面来实现的。当从远处看聚居区域时，塔楼在集聚周围环境的同时也向人们传达了隐含在建筑内部的某些信息。在进入聚居区域之后，塔楼在告诉人们所处环境的同时，也成为人造形式的一个焦点。塔楼因此统一和联结了内部和外部，表现出某一具体地方的基本质量。

据我所知，塔楼的形态学还从未被研究过。[39] 所以，我们还不能进行更为具体的解释，而只能提到以下具有典型特征的例子：北欧国家中数不清的各种尖顶教堂，北意大利的经典钟楼，中欧富有雕塑感的巴洛克盔顶，俄罗斯如画的洋葱顶，以及各种各样纤细的伊斯兰光塔。地方、文化和历史的价值被集聚在这些形式之中，而且总是被集聚在教堂的塔楼、市政厅、城堡、城墙，甚至“塔式住房”[40] 这些重要的建筑形式之中。在古老的城市中，这些建筑元素有时会同时出现，产生了迷人且富有表现力的标志性建筑群体。有时，塔楼在视觉上与其他竖向元素如尖形山花墙面

图 27 “图形质量”与剪影轮廓：吕贝克城（Lübeck），罗德（H.Rode）作，1482 年

图 28 伊斯坦布尔，富有轮廓的城市：“景观”，梅里安（Merian）作，约 1650 年

图 29　罗马城圣彼得教堂穹顶，米开朗琪罗（Michelangelo）和德拉波塔（Della Porta）设计

相呼应，从而在一种共同的地方环境主题中，形成了特别令人注目的一个变奏，甚至从远处看去，也是这样。

圆顶的形态和塔楼的形态既相互关联又有所不同。它们的共性在于都是在空间中向上升起的竖向元素，从而成为一个中心。不同的是，塔楼以一种密实的体量出现，而圆顶的体量则包含了内部空间。圆顶因此不仅限定了中心，而且以一种浓缩了周围环境的形象出现。难怪古典的欧洲南部地区成了圆顶的家乡，那儿的整体环境如同圆顶所包含的空间那样。然而，不同的表面设计处理可以使圆顶产生不同的向上升起方式，从而呈现出与大地和天空之间的不同关系。圆顶有以下几种基本形式：在空间中富有活力的升起（如众多的巴洛克圆顶），静态的和谐形象（如文艺复兴的圆顶），或看上去像从天而降（如某些拜占庭后期的圆顶）。

圆顶以其外部和内部的形式，不仅决定了聚居区域的轮廓，而且成为城市空间中的一个主要目标。从远处看，罗马的圣彼得教堂圆顶是一种昭示物，唤起人们的期待，引导人们的运动。在接近教堂的途中，圆顶被马德诺（Maderno）设计的中殿所遮挡。进入教堂之后，圆顶显示出内部形象。这个形象“解释”了人们从远处所感受到的外部形式，从而满足了人们的期望。

图 30　塔楼，钟楼，穹顶，锡耶纳

图 31　维也纳（Vienna）圣斯蒂芬（St. Stephen）教堂的尖顶，1350—1433 年

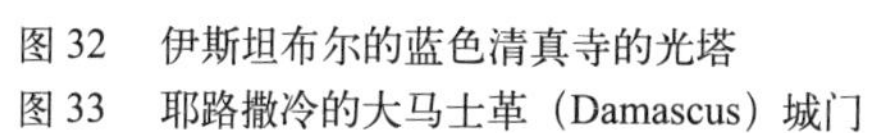

图 32　伊斯坦布尔的蓝色清真寺的光塔
图 33　耶路撒冷的大马士革（Damascus）城门
图 34　基什（Kishi）的俄罗斯式“洋葱”穹顶，1764 年

图 35　耶路撒冷景观，罗伯茨（D.Roberts）作，1839 年

聚居区域的总体意义通过其轮廓显示出来。耶路撒冷的老城很有力地说明了这个基本事实：多种“内容”通过特征的塔楼和圆顶被传递到周围环境之中。在此，光塔、古典钟楼、拜占庭圆顶，连同俄罗斯的洋葱顶构成了一种有意义的共生群体，而金色的圣岩寺（Dome of the Rock）（指在耶路撒冷沿哭墙边拾阶而上的奥玛清真寺——译者注）则是一个主要的集聚中心。与其他地方相比，人们在此能更好地体验到建筑物的功能：显现天地之间的关系，显现人们在天地“之间”的存在。结实有力的连续城墙确保了总体上的统一图形。在不同历史时期的城市生活也展现在砖石结构之中，从犹太王希律一世（Jewish-Herodian）时期的地下建筑中体现力量的大型砌块，到“抽象”线性的伊斯兰－奥斯曼（Islamic-Osmanian）立面。在城市的主要入口处大马士革门，城市的天际轮廓线被浓缩在由各种城齿构成的一连串的画景之中。全城都使用相同的建筑材料，以统一不同人群对存在的不同理解。即使在今天，当地的白金石仍然是所有的建筑物都必须使用的材料。结果，各种象征形式就“根植于”当地的环境之中。这是一种简单而富有成效和意义的方法，使建筑物获得地方的特性。总体来看，耶路撒冷这个例子表明，聚居区域的总体人造形式将地点与给定的社会文化价值相互联系起来，体现了人们在相应地点的集合。

空间结构学

人们的聚集意味着生活发生在经过适当组织的空间之中。聚居区域的形象特征不仅取决于其限定范围和构成天际线的独特元素，而且取决于元素的组合。这种组合显然受到外部和内部条件的制约，即受到给定的地形条件和人们社会结构的影响。

对聚居区域形制的研究表明，许多具有个性的地方可以看成是少数基本空间组织类型的变体。从总体上看，有这样三种不同的空间组织类型：组团、排列和围合。在组团类型中，建筑物呈简单并置关系而不具有任何几何秩序和对称性。在排列结构中，建筑物依一连续的直线而排列，其曲率为零。在围合形式中，建筑物围绕空间形成一个闭合的图形。无论走到哪里，我们都会看到这些形式，它们决定了农场、村落和城镇的布局。[41]

空间组织受到给定地形的制约，但并不意味着一一对应的关系。山谷和山顶也许适合排列类型，盆地适合环绕结构，但根据显现和补充的需要，类型的选择总是有一定的自由空间。然而不管怎样，基本目标是要在地形和建筑之间建立一种有意义的关系。依据格式塔组织法则所产生的聚居区域的基本形制促进了这种目标的实现。我们也可以说，人们根据同样的原则进行观察和组织，这些原则就是刚刚提到的“邻近”、“连续”和“围合”，还有“类似”作为一个更为普遍的范畴。[42] 在对儿童空间概念的研究中，皮亚杰（Piaget）获得了类似的结论。总体上看，皮亚杰把组织的基本形式概括为拓扑结构，以区别在长大后才发展起来的更为精确的几何概念。然而，几何概念并不是根本不同于拓扑概念，而是拓扑概念的一种特例：组团因此就是规则组群或方格网群，行列对应轴线，围合则成为圆形或多边形。[43]

在拓扑结构中，各个元素保持一定的自由度，而几何布局则意味着统治和超级秩序。给定的地形几乎不需要这样的秩序；作为一般规则，自然空间是拓扑形的，人造形式对地形的显现通常产生拓扑形制的对应点。古埃及的独特空间结构是一个例外：尼罗河规则的南北流向与太阳行空的东西轨道形成直角。结果，古埃及的聚居区域（城镇、墓地、神庙）表现出一种严格的几何结构。[44] 我们也曾提到古罗马城市，它是以天空的基本结构而不是特别的几何布局为设计依据的。任何这类的几何形制都想揭示世界中内在的一种普遍秩序，从而与单个地方的拓扑结构形成对比。世界上所有的乡土建筑群体事实上都是呈拓扑

图 36　德国的组团式村落

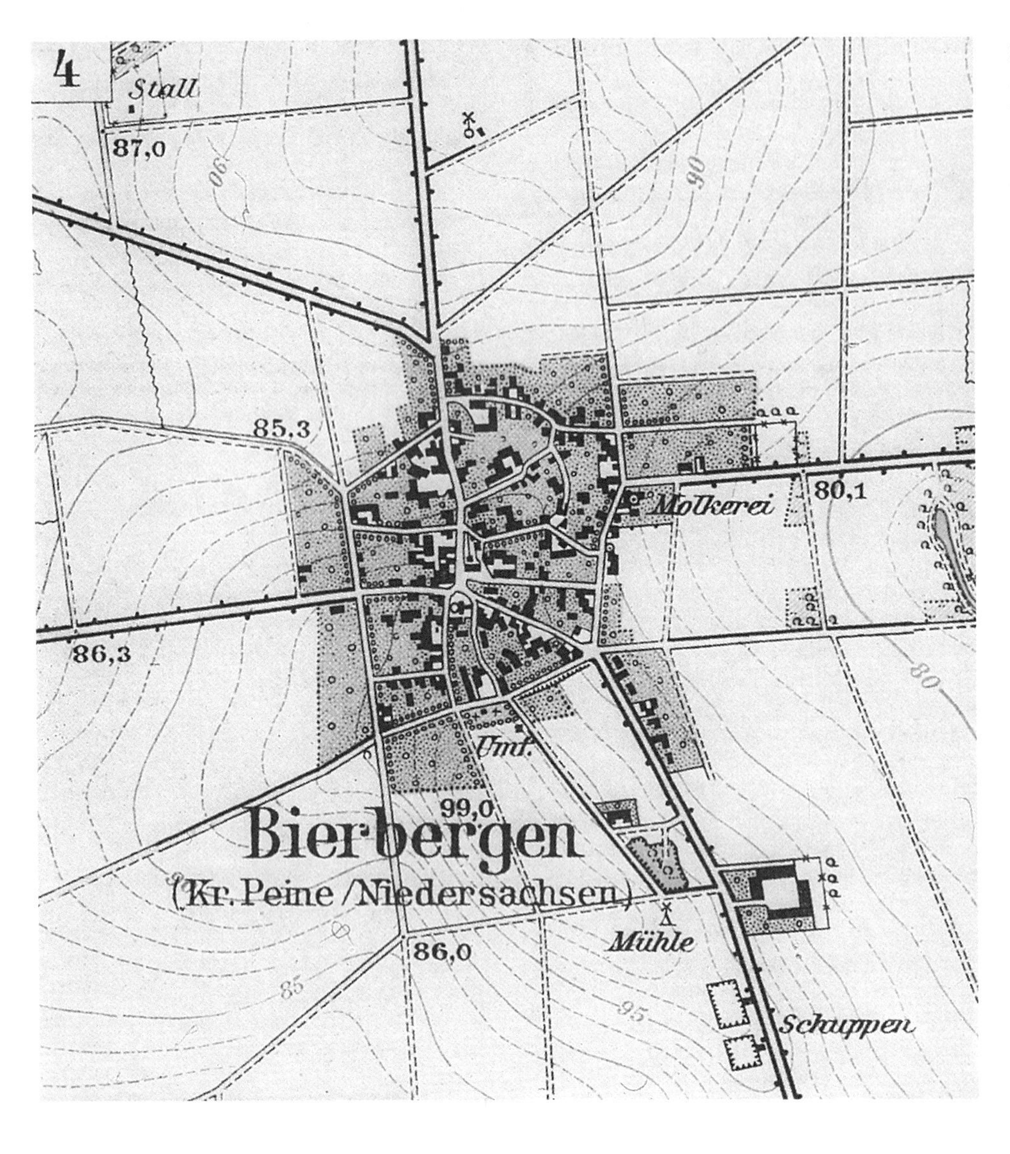

结构的，以表现出地点的重要性，而这正是人们所应当做的。

那么，在建筑历史中为什么会出现如此众多的几何布局呢？原因显然是人们在给定条件的基础上，加进了某种社会的“协议”。几何形制具有明确限定的中心和通道，展现了一种共享的生活形式。结果，其中所失去的是人们进行会面的基本形式，而群体的集汇则成为公共的秩序，聚居区域因此表现了人们的选择成果。不过，这种选择通常不是随意的，而是反映了对由人和自然所构成的世界的理解。一般地说，聚居区域是下列两种汇聚力量相互作用的结果：简单的集汇和由社会选择或强加秩序所产生的集汇。因为这两种汇聚形式都是根本的存在结构，所以，任何聚居区域都应包括拓扑和几何这两种空间组织形式。实际上，历史上的大多数城市都是这么做的，这两种形式在这些城市中各自所占的比例差别很大，从古希腊城邦基本的拓扑结构布局到古罗马城市占统治地位的几何体系。

耶路撒冷就是拓扑形制和几何结构相结合的有趣例子。从总体上看，城市是一个呈拓扑结构的密集组团，表现了人们从“各个”方向汇合到此。然而，环绕的城墙在总体上围合了一个不太规则的矩形。在这个形式中，两条干道将城市分为四个居住区域，分别住着犹太

图 37　德国的行列式村落

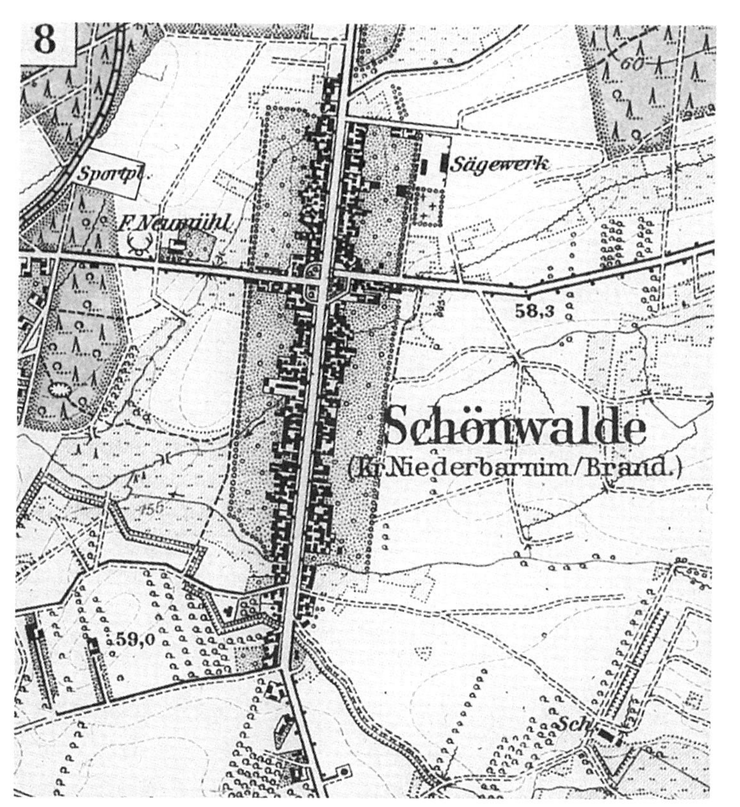

图 38　德国的环行村落

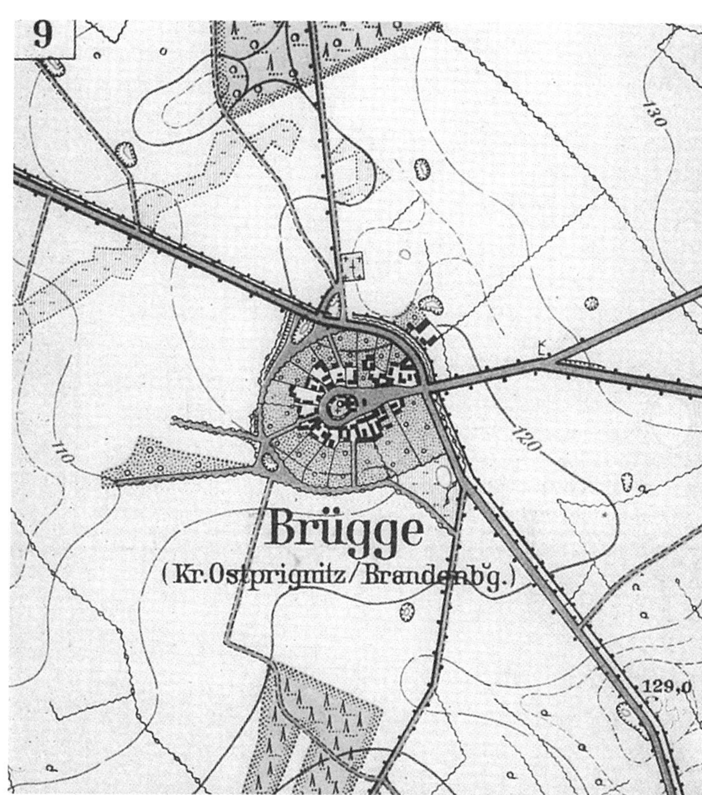

图 39 查尔斯大桥和“布拉格景观”

图 40 海上城市，洛伦采蒂（Lorenzetti）作于1400年

人、穆斯林、基督徒和亚美尼亚人。城市的地形产生了城市的干道。公元70年后，古罗马征服者称城市干道为南北和东西轴线。[45]四个区域的几何结构赋予汇聚之处以重要的意义。与主要方向轴线相联系的不同的“世界”被聚集在一起：作为“上帝的选民”，犹太人居住在南面，与其穿越贫瘠的南部山区经历相对应，伊斯兰世界在东面，因为它源自东部的大沙漠，基督徒在北面，因为其世界根植于加利利北部肥沃的土地。亚美尼亚人在西面，是对受耶路撒冷信息制约的更为遥远世界的回应。经过组织的城市空间容纳了复合整体的生活，各个组成部分相互联系，形成一个包容广泛的场所。独特的城市形式聚集了自然的尺度、居住的方式和历史的变迁，有力地揭示了人类聚居区域的性质。

人们很容易就会觉察到人造形式的图形性质，而理解一个复杂的空间组织却需要对地方相当的熟悉。正如林奇的研究所表明的那样，发展和形成对聚居区域的整体形象是最基本的。我们可以认为，具有拓扑或几何结构的建筑空间是形成这种形象的前提条件，换句话说，易于产生形象的空间图形是产生这种形象的前提。

类型学

聚居区域的“图形质量”由两个相互联系的性质构成：作为“事物”的人

图41 “基督哀歌”作品中的细部，丢勒（A. Dürer），1500年

造形式和含有中心、通路和领域的空间组织。两者之间的相互联系是显而易见的，在赋予空间元素以特征的同时，人造形式也构成了空间的元素。在一定的环境层次上，人造形式与经过组织的空间共同构成了场所。总体的“聚居区域”这层环境因而包含了若干次环境层次，“农场”、“村落”、“集镇”和“城市”。[46] 今天，对聚居区域的形态研究通常只关注空间组织，而忽视了它们的具体“图形质量”。然而在历史上，场所被理解为“事物”，同时具有普遍和独到的特征。它们成了人们认同的物体，从而成为真正意义上的居住场所。“可见的事物”一词中所描述的古老地形清楚地揭示了这个事实。[47] 上述的梅里安书中也有大量的实例，同时我们也想提到皮拉内西（Piranesi）著名作品和许多国家绘画作品中所描绘的农场、村落和集镇。

总的来说，“可见的事物”意在把握地方的实质，并将地方的质量以一种特征的形象表达出来。视点的选择因而具有决定性的意义，即选择构成人们记忆中某一地方的那些元素。我们提到过梅里安著名的君士坦丁堡和布拉格的景象。在前幅画中，作者是从加拉塔到金角这个视域来看城市的。城市看上去如同沿布满房屋的海角顶端延伸而出的天际线。自然地形和人造形式被统一在一幅令人难忘的图画之中，突显了这个“剪

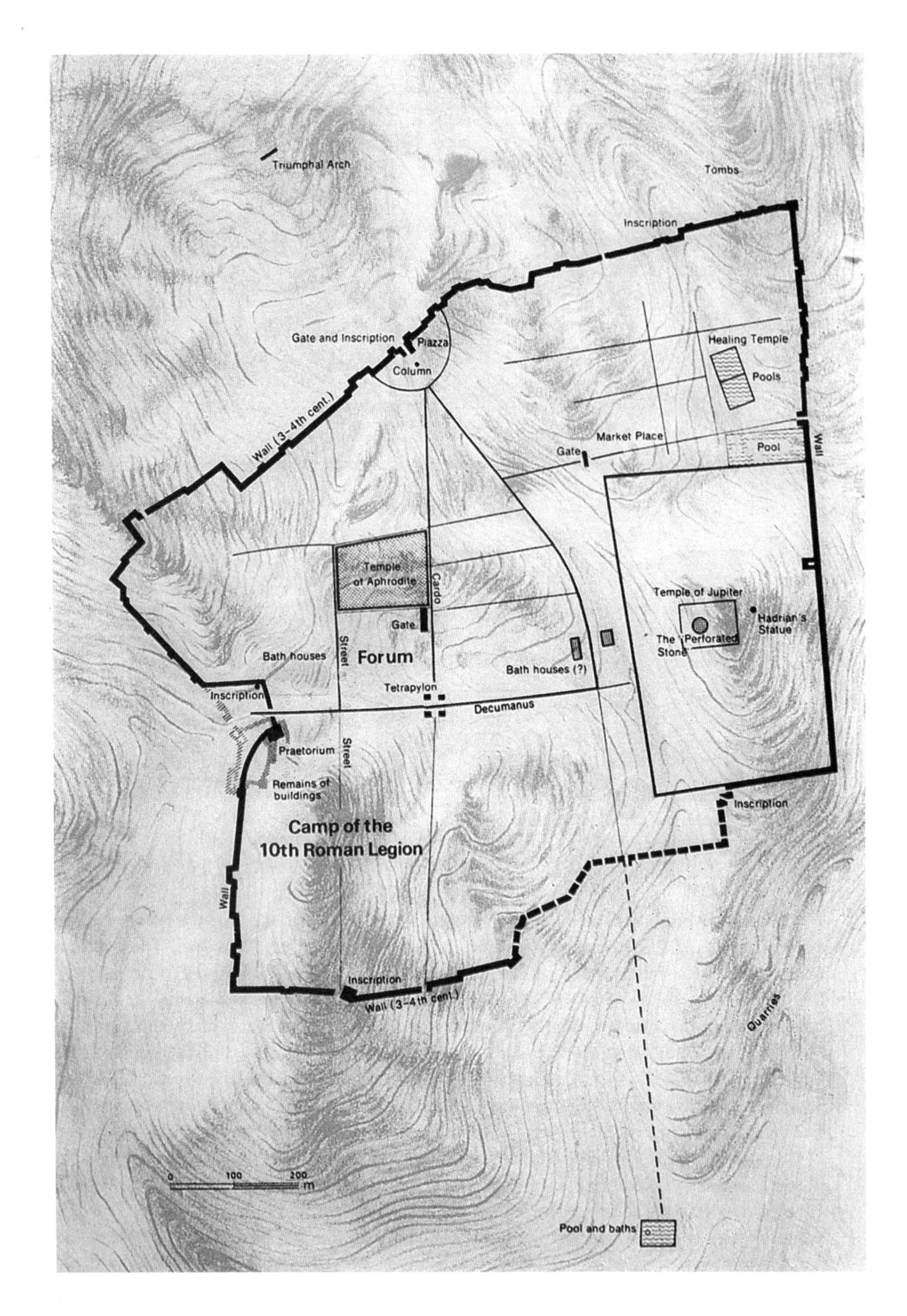
Triumphal Arch
Tombs
Inscription
Gate and Inscription
Piazza
Column
Healing Temple
Pools
Wall (3-4th cent.)
Market Place
Gate
Pool
Wall
Temple of Aphrodite
Cardo
Temple of Jupiter
Hadrian's Statue
The Stone
Perforated
Gate
Street
Bath houses
Forum
Bath houses (?)
Tetrapylon
Inscription
Decumanus
Praetorium
Street
Remains of buildings
Inscription
Camp of the 10th Roman Legion
Wall
Inscription
Wall (3-4th cent.)
Quarries
0
100
200
m
Pool and baths

图 42　罗马征服之后的耶路撒冷城的四分布局　　图 43　勒·柯布西耶描绘的“绿色城市”

影城市”的基本特征。布拉格的景象也与自然环境有关。城市坐落在伏尔塔瓦河流转弯之处的平地上，位于大桥另一侧的陡峭的城堡山下。在卡夫卡(Kafka)的《城堡》一书中，开头的第一句话就描写了这个景象：“当卡夫卡到达时，天色已晚。村落覆盖着厚雪。薄雾和夜幕遮盖了城堡山，没有任何光亮可以显示城堡的存在。从大道引向村落的木桥上，卡夫卡站立了许久，凝视眼前上方的一点幻觉空白。”在此，地方的形象成为小说“生命”的基本尺度之一。耶路撒冷也是这样一座城市，可以用单一景象来展现。1839 年，罗伯茨登上橄榄山鸟瞰耶路撒冷城。在他看来，城市就像它的“实际情况”：由深深的沟壑和贫瘠的山丘所环绕的高原居住之地，其中有许多标志性的建筑，圣岩寺是集聚“宇宙”(cosmic) 的中心。人造形式揭示了人们对世界的理解，以独特的形象嵌入人们的记忆之中。

这些实例表明，人们对安居之地的认同在于它的基本图形性质，“图形”一词并不是抽象的空间术语，而是由如同事物那样的具体元素形成的构图。我们可以描述图形的性质，例如“沿着河流”，“围绕市场”，“在高地上面”，“在山脚下”。布拉格这类城市的无穷魅力就在于有众多的这类图形性质，它们共同构成了引人注目的形象。

许多地名反映了不同环境特征的普遍类型。因此，在北部和南部都有“浅滩”和“码头”。其出现的不同形式也可以被归纳在某些广泛的范畴之中，如当代作家所采用的“古典的”,“浪漫的”和“具有普遍秩序的”。[48] 由于被用来反映普遍的环境质量，这些术语统合了自然和人类的属性。出现在文艺复兴时期许多绘画作品之中的市镇形象，以古典和浪漫的笔调清楚地表现出对同类安居之地的不同理解。洛伦采蒂（Lorenzetti）的作品《海上城市》（锡耶纳艺术馆收藏）基本上运用了古典的手法，尽管画中还有一些哥特风格的细节。所有建筑物都是简单的几何形体，城墙、城门和城塔都是同类图形。我们可以拿丢勒（Dürer）的作品基督哀歌（慕尼黑艺术馆收藏）中的城市背景做个比较，画中的陡坡屋顶和尖顶形状强调了整体的“浪漫主义”特征。在这些例子中，建筑整体的基本形式与不同的自然环境相联系，从而使这些地方获得了独特的“图形质量”。绘画作品中经常出现的俄罗斯市镇形象也是这样。从查莱斯克（Zaraisk）的圣尼古拉斯的图像（诺夫哥罗德博物馆收藏）中，人们可以看到，特征的俄罗斯城墙与其所围合的图画般的拱券和圆顶形成对比。在上面三种情况中，引人注目的形象成为安居之地的地方特征。

由于通常处于特别的地点，历史城镇要比村落和农场更具有显著的个性。市镇不仅组成了实用的网络，而且揭示出一个国家的不同质量，成为人们认同环境的中心。与之相反的是，村落显示了一个地区的总体特征，成为“住家”而不是环境中的焦点。在德国，村落的名字通常以家（heim），房屋（hausen）或院落（hofen）结尾。村落与市镇都具有“图形质量”，它是形成“特定地点”的一个条件。聚居区域如何在时间进程中保持已有特征是一个非常有趣的问题。在整个历史中，尽管社会条件和艺术风格发生了变化，许多重要的中心仍然保持了“原样”。显然，这是因为不同的时代的作品都产生于一种稳定的场所精神。[49]“永恒的城市”罗马城很好地解答了时间延续的问题：从古意大利时期到今天，地形条件和具有地方特色的建筑物一直就是罗马城的环境特征。[50]

我们因此再次看到，给定的空间和形式作为一种与天地的特别关系，决定了地方的特性。在建造房屋时，人们想要揭示和解读已有的条件。人们想关爱土地，与周围环境建立一种友好的关系。关爱土地不仅仅要耕作土地，而且要以一种能揭示地形条件的方法来进行安居。定居总是一种集体的行为，但聚居区域不仅要“反映”社会的状况，而且要在环境的设计中表现人们对生活环境的理解，使人造空间形式更为贴近人们的生活。“图形质量”可以帮助人们达到这一目标。我们的讨论表明，聚居区域的“图形质量”可以用类型来描述，可以通过人造形式和经过组织的空间来分析。在总体上我们可以认为，聚居区域的“图形质量”会产生自然的居住。

今天的聚居区域

我们对形态学、空间结构学和类型学的研究似乎更多地关注历史。今天的聚居区域再也没有城墙和入口，只是偶尔以“图形”出现在环境之中。聚居区域的天际线不再由塔楼、圆顶等象征形式构成，而是由那些不表达任何对世界深刻理解的高层办公楼取而代之。事实上，几十年来现代城市的设计思想与我们上述的讨论正好相反。城市被定义为连续的绿色空间，大型的独立建筑物散布其间。这种概念意在重新获得“基本的快乐”：阳光、空间和绿色。[51] 传统聚居区域即场所的失去，并不是由于一种新的生活方式的影响，而是因为刻意规划理论的作用。当今，反对绿色城市的意识正在增长。现代城市并没有给人一种到达某地的感觉，而是让人觉得“哪儿都不是”，因为散布的人造元素破坏了环境，而不是把环境带到一起。人们所失去的不仅仅是集聚中心，而且是整个世界环境。总体上看，缺乏图形的聚

图 44　埃希特纳赫(Echternach)城设计方案,L· 克里尔（L. Krier）设计，1970 年

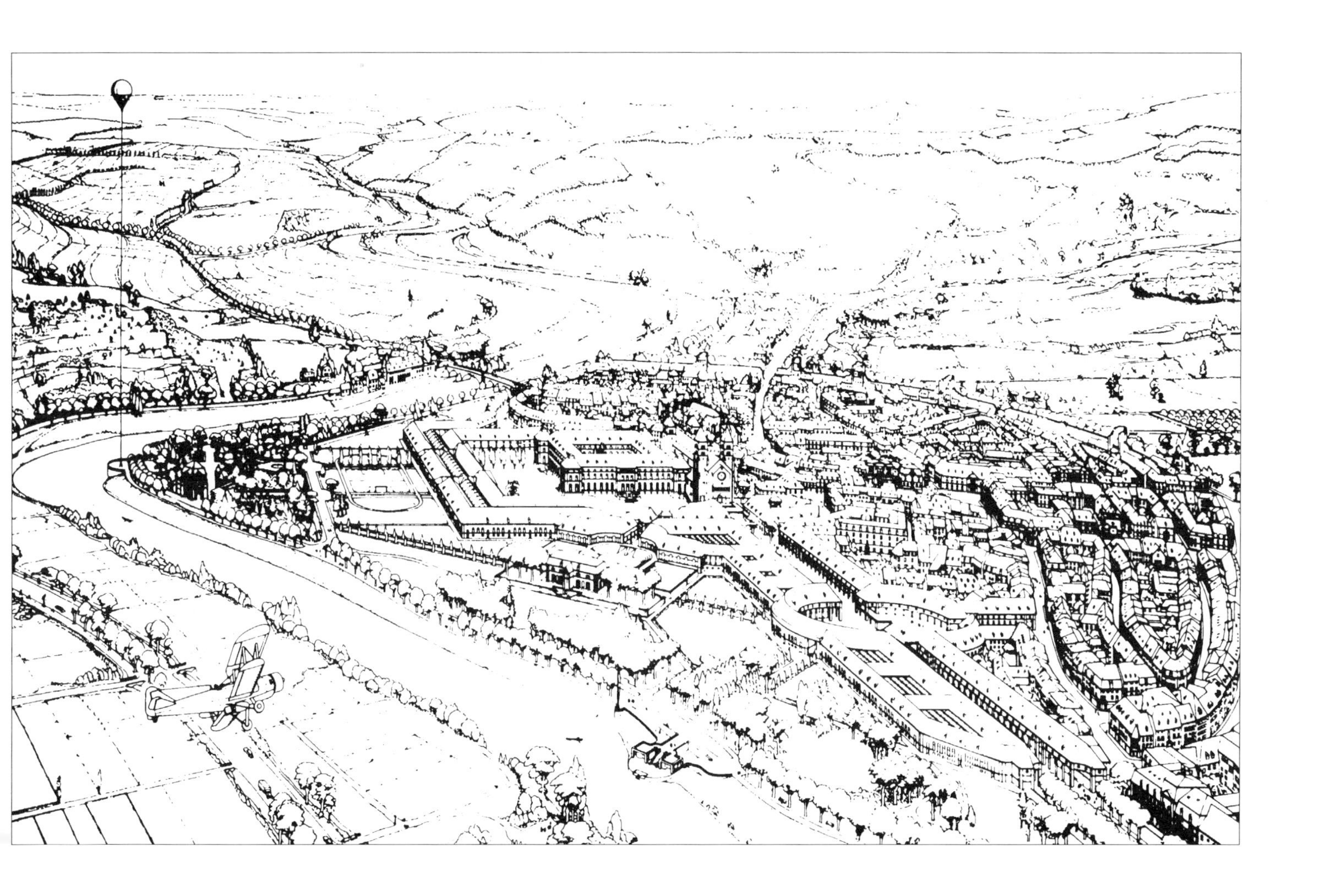

居区域削弱了人们的归属感，这是一种失去认同的危险。几年前似乎还听上去纯粹是不切实际的怀旧情绪，现在已经成为一种现实的目标：有明确限定范围的密集的聚居区域重新出现，人们从中可以强烈地感受到一种对重新获得"图形质量"的需求。林奇对"边界"和"标志物"的讨论反映了这种新态度。自第二次世界大战以来，占据统治地位的抽象规划被一种更为具体的规划所取代。景观自然地重新成为表现聚居区域特征的手段，如L·克里尔（Leon Krier）绘制的埃希特纳赫（Echternach，卢森堡）城的鸟瞰图。对场所精神的理解，对人造形式和经过组织的空间的类型研究，是真正重新找回聚居区域质量的前提。然而，在今天盛行的却是一种形式主义的方法，以几何形式为出发点，再加上搬用传统的母题。[52] 我们应当看到，聚居区域与地形相关的结构属性表现了与特定地点的一种友好关系。在当今的多元化时代，保持这种结构属性比以往更为重要。现代建筑中的自由布局，正在被推广到聚居区域这个环境层次上，尽管这个概念也许适合于住房的设计。结果，聚居区域消失了。我们今天所需要的是另外一种自由，将聚居区域理解为多样性的集合，同时尊重共有的场所精神。

第三章　城市空间

会合

当人们进入一个聚居区域，说“到了这里”，一个包含众多可能性的世界便敞开了，促发了人们介入的愿望，并要求人们作出选择。让我们在此重温一下康说过的话：“城市是这样一种地方，当一个小孩子行走其间时，也许会看到一些事情，它们会告诉他毕生想做的事情。”[53]城市因此是人们会合的地方。在城市中，人们走到一起，去发现其他人的世界。“我是”这话就像一面镜子，接受、反射和呈现周围的事情。在城市中，所有事物相互反射，形象在反射中出现，人们围绕这些形象建立自身的存在。会合和选择因而成为城市的存在尺度。通过会合和选择，人们获得了一个世界，维特根斯坦说过：“我是我的世界”[54]当有了一个世界，我们就在一个复杂且常常是相互冲突的群体中居住下来，并因此获得个人的特性。这两个方面都是重要的：群体意味着与不同人群共享，个性则表明不淹没在同一性中。在允许个人选择的情况下，城市应当提供一种归属感。当这种情况出现时，我们就有了一个共同的地方，我们因此会说：“我是一个纽约人”或“我是一个罗马人”。

然而问题出现了：这种自我认同的意义是什么？换句话说，什么是城市会合的内容？当康说“一个小孩子也许会看到某些事情”，他是指小孩会看到各种活动，而这些活动又能揭示它们所归属的世界。我们也许可以说，生活以丰富多彩的形式出现。然而康并没有谈论“这样的”生活。他说，“城市是这样一种地方，在那里……”这告诉我们，正是城市使得生活有可能被揭示出来。生活和地方相互归属，城市的目的就是对会合的揭示。康所说的“某些事情”进一步表明，生活是有结构的，生活中总会发生“某些事情”，我们总是在选择“某些事情”的基础上，以“某人”的角色参与其中。集合居住因而不只是走到一起，而是人们存在于世界中的某一地方。正是这种地方即场所使生活得以显示。场所记录或以形象来固定和保持生活，这些记录和形象具有说明和邀请的功能。人们因而受到场所的制约：在选择了具有特定形象的场所之后，人们便获得了自身的身份。例如，人们会说，“我是罗马人”。

“某人”这词意味着人们对从事职业的选择。人们会说，“我是一个木匠”，“我是一个商人”或“我是一个建筑师”。这些经过选择的职业活动表现了人们存在于世的某种方法，作为现实的前提，这些活动以三种形式体现了人们对存在于世的理解：实用的、理论的、诗意的。实用的理解是自古就有的实用活动的基础，其表现形式就是生产和管理，即协调由某种目的所决定的实用活动。理论的理解旨在揭示世界的内在秩序，追求“神圣的和谐”或“自然法则”，它进一步限定了实用生活的目标。其表现形式是科学和哲学。诗意的理解将世界看成一个事物相互关联的整体。也就是说，这种理解揭示“事物的事物性”，解释事物的真理。其表现形式是艺术作品，它把理解了的真理在作品中表达出来。

作为实在的前提，三种理解的表现形式揭示了一个世界。很明显，这个世界既有一般性，又有具体性。仅仅一般的理解只能停留在生活之外，而只有具体的理解则会消失而不留下任何踪迹。聚居区域，尤其是都城，集聚了邻近和遥远的事物，并使它们相互关联。我们已在讨论中心时提到了这个方面。现在，我们可以把中心看成是集聚已知事物的地方，而事物本身的“说明”功能引发了人们的选择。这种“说明”功能就在人们会合的事实之中。当活动和事物同时发生时，它们相互解释和说明，形成我们所说的意义互射，这些意义被保留在建筑作品之中。我们因此可以在城市中发现一些事物与其他事物的不同。尽管人们的选择只是整体中的一部分，但选择并不会使人们孤立，而是使人们参与其中。我们再次看到用地方作为人们主要自我认同物体的深远意义。这意味着人们要尊重所参与其中的整体，要认识到自己所在的部分是有意义的，因为

图 45　会合与发现：那不勒斯（Naples）　　图 46　罗马一市场

它归属于一个世界。在说“我是一个木匠”之前，我们因此会说“我是一个罗马人”。

会合和选择也与定位和认同的总体功能相互联系。会合基本上是一种定位行动，而选择则是一种认同。在认同某种活动或在群体之中的某种角色时，我们也同时在更为普遍的意义上认同了这种角色所属于的整体。我们不可能认同所有的事物，因为这是人类的一个基本状况，即个人不可能“拥有所有一切”。然而，个人可以通过间接参与来获得所有的东西。显然，在很多历史情形中，由于社会阶级和遗传形制的限制，选择往往是预先决定或是被迫接受的。

城市作为一个建筑体，记录了人们会合的情形。人们有意识地创造了城市，来为自己提供选择的机会。然而，选择的可能性却不是随意“发明”的，而是基于人们对给定条件的三种层面上的认识。一是开发现有事物以获得经济基础的实用活动，二是规定空间和时间中位置的理论解释，三是令居住世界中的具体存在变得近在咫尺的艺术形式。这些多方面的实际情况构成了城市的经历，这种经历使人们看到，生活具有很多层次上的意义，而这些意义又与当地和当时的情况密切相关。

问题出现了：城市应该具有何种形式才能提供会合和选择呢？显然，会合

NILSEN
NILSEN
KULL
KOKS
VED TLF
O-32662

图 47　密度：挪威的卑尔根（Bergen）

图 48　密度与多样性：班贝格城（Bamberg）

是指事物相互靠拢，用空间的术语讲就是密度。建筑物散布的城市不是城市。城市应当紧紧而有力地围绕人们。这就是说，城市的建筑物必须形成让人能感觉到的“内部”。这种人们本能所感觉到的内部是城市空间的一种超级形式，这种感觉并不能通过建筑物的添加来获得。在描述城市经历时，人们会用到一些介词如“在内部”、“在之间”、“在下面”、“在上面”、“在前面”、“在后面”、“紧靠着”等等。人们用它们来描述不同的但却相互关联的空间组织。总的来说，“图形质量”是聚居区域的主要“外部”属性，而密度则是对“图形质量”的补充。

会合也同时意味着多样性。指出这点似乎并不重要，但对多样性的需求会立即引出统一的问题。不同的元素怎样才能构成一个整体，一个地方呢？这仅仅是密度的问题即格式塔邻近原则的问题，或是其他什么问题？显然，城市空间的构成并不是简单地将建筑物排列在一起。

人们对一个整体环境的体验应当是一个基本连续的过程，而不应当从头至尾都是断断续续的。除了密度和多样性之外，我们还应当把连续性作为城市内部的基本属性。为了达到会合和选择的目的，这三种质量必须同时存在，而且在人们进入城市时就展现出来。人们就可以因此说“我在这里”，当然这并不是

图 49　连续性：锡耶纳

终结意义上的，而是开始一种发现和选择的生活。当然，这三种属性会有强弱之分，例如都城的多样性就比地方中心的多样性来得重要，因为都城集聚了更为广泛的世界。

密度、多样性和连续性是普遍的属性。为了理解城市的形式，我们应当把这些属性和城市中的广场和街道联系起来。定义广场和街道的基础是我们在第一章中所讨论的中心和通路。我们对形态学和空间关系学的研究必须以这些元素为出发点。

形态学

也许看上去有点奇怪，我们对城市空间的讨论是从形态学而不是空间关系学开始的。然而，和其他各种地方一样，城市空间受到人造形式边界的制约。正是人造形式决定了地方的特征，表现出连续性和多样性。人们先是感觉到在城市空间之中，在熟悉了空间之后，空间便显现出一种连贯而有结构的形象。[55] 然而，人造形式会立刻呈现在人们眼前，如果它具有地方特征，人们很自然地会说："我现正在巴黎"或"我正在威尼斯"。这表明，人造形式不仅应当容纳由地方集聚的那些活动，而且以某种方式表现出来，形成一种独有的地方特征。连续性因此包含了比线性连续更多的内容，包含了显著地方"建筑母题"的多

图 50　地方特征：那不勒斯

种表现形式。

城市街道通常是这多种表现形式的连续体。相同的单元重复出现，但它们并不完全一样。在街道中的运动因此成为一种发现的过程。人们沿着街道行走，每一步都使自己处在某一“特定位置”，而每一个位置又同时展现了其另外一种可能性。发生在街道上的会合是直接而即时的，人们可以感受到现场的气氛，尽管大家也许并不知道彼此的姓名。所以，多种表现形式应当出现在人们所站立和行走的街道上，应当总是伴随着人们。我们也许可以从上述讨论中得到一些有关街道人造形式的结论。总体的连续性应当与人们视野所及的那些小而富有变化的单元相结合，而建筑墙面（正面）的上部则可以以更为统一的连续形象出现。(然而，如果墙体上部的形象是完全规则一致的，下部的多种形式就显得有些随意，而不像是同一母题的多种表现形式。) 墙面上部的结束形式或剪影，并不像在聚居区域外观中那样起主导作用。观赏剪影需要一定的距离，而对街道的感受则是近距离的。[56] 不过，轮廓剪影仍然规定了构成墙面的单元形式，决定了墙面在举向天空时的特征。这些论点也首先适用于那些与生产和运输相联系的公共街道。同样，容纳特别活动和日常生活的街道也需要一种类似的带有变化的连续性，只是程度要低一些。

图 51 统一与变化：因斯布鲁克（Innsbruck）

图 52 城市“顶棚”：佛罗伦萨

图 53　城市地面：拉齐奥区（Latium）的卡内皮那城（Canepina）

图 54　横向节奏：皮德蒙特区（Piedmont）的蒙多维城（Mondovi）

有很多实例可以展示出街道的基本质量。这本身就是一个有趣的事实，因为这个事实表明，城市墙体的简单形式可以有很多的变化，从而可以产生很多新的地方。这种能力来自对含有等级的建筑母题的运用：建筑单元作为一种超级元素容纳了变化的重复，而门窗和其他元素则以从属的母题出现。即使在大城市如巴黎和阿姆斯特丹，城市墙面的设计也只是基于若干建筑母题，而这些母题出现在整个城市之中。除了形式的母题之外，城市墙面的特征也常常取决于墙体的具体构成。墙面看上去有软有硬，有厚有薄，有粗有细，或是这些质量的结合。例如，在巴塞罗那，许多不同历史时期的建筑物都呈现出一种特征统一的块体形式，细节极富表现力，墙面有一种跃动的感觉。

墙体是城市空间的主要界线，因为它们记录了人们会合的内容。而地面则没有这样的功能，它是一种“中性”的界面，其基本的伸展属性起有一种统一和赋予特征的作用。由于不适宜表现多样性，城市地面应当呈现连续的形制，而且应当得到很好的养护。[57] 在城市景观中，破旧失修的地面往往比废弃的建筑物更为碍眼！地面设计可以与城市墙面的设计相结合，来强调运动和区域的划分。城市“顶棚”总体上是天空，其形象受到建筑顶部结束形式的影响。在古

图 55　通路与目标：纽伦堡的卡罗林大街和洛伦兹教堂，1800 年

典的欧洲南部地区，街道立面的顶部通常以相对连续的横向设计结束，使天空以一种远而稳定的背景出现。然而，在浪漫的欧洲北部地区，天空不同的气氛和条件产生了复杂的建筑轮廓。应当再次指出，街道的特征主要由横向的节奏产生，这种节奏表达了会合和发现的过程，而竖向张力则为这种过程展开的总体气氛定下了基调。街道并不一定要引向一个目标。凯文·林奇的研究表明，街道通常没有明确的开始和结束，其特征由沿途的事物构成。[58] 当街道的设计导向目标时，运动就成了某种为到达目标而做的选择和准备，目标通常是由一幢或若干公共建筑物占主导地位的广场。

街道相交之处是一种特别有趣的城市空间。首先，它意味着运动的方向可能发生改变，人们在此要进行选择。其次，它减缓了街道的持续运动。街道交叉之处也许可被视为“类广场”：它增强了会合感，展现了地方的新景象，促进了人们对环境内容的思考。所以，十字路口通常以特别的形式加以强调，如转角壁柱（如费拉拉新城），喷泉（如罗马的四喷泉），或呈对角线的突出体或塔楼（如巴塞罗那的拓宽工程）。在城市会合空间中，另一种特别有趣的例子是，街道在某一点开始扩展形成广场（街口）。[59] 保罗·朱克（Paul Zucher）认为，广场是“城市景观中的心理停车场”，它

“使社区成为社区，而不仅仅是单个人的集合”。[60]“停车场”一词意味着发现的过程在此终结。运动停止了，人们有时间来思考会合的内容。也就是说，广场并不一定要呈现某种特定的选择，而是把沿街伸展的面貌浓缩为一个包含广泛的形象。广场促成了选择，同时使社区世界在视觉上成为一个整体。然而，广场有时反映了某种合约，以其形象来“解释”环境中的多种世界。在许多中世纪城市中，这两种情况都存在；市场因此是人们相会的地方，而入口院落则为主教堂的出现做了更为清晰的铺垫。[61]在罗马城，上述两种类型的代表例子有纳沃纳广场和圣彼得广场。在任何一种类型中，广场都满足了聚居地区的集聚功能，表明了集聚的意义，这个意义可以用“集镇”（town）和“院落”（tun）两字的共同词根来证明。在斯堪的纳维亚语言中，“tun”指农场的院落。由于“tun”的最初意思是“栅栏”或“边界”（在德语中是“Zaun”），它也表明城市空间是由人造形式的围合来决定的。

很自然，广场的性质决定了其边界应当比街道具有更强的统一感，其形式也更为清晰明确。在广场中，具有地方特征的立面母题以最明显的形式出现，而形式的变化则应当控制在合理的范围之中。节奏在此变得更为规则，竖向张力也同时得到加强。横向运动在此减缓，

图 56　罗马纳沃纳（Navona）广场

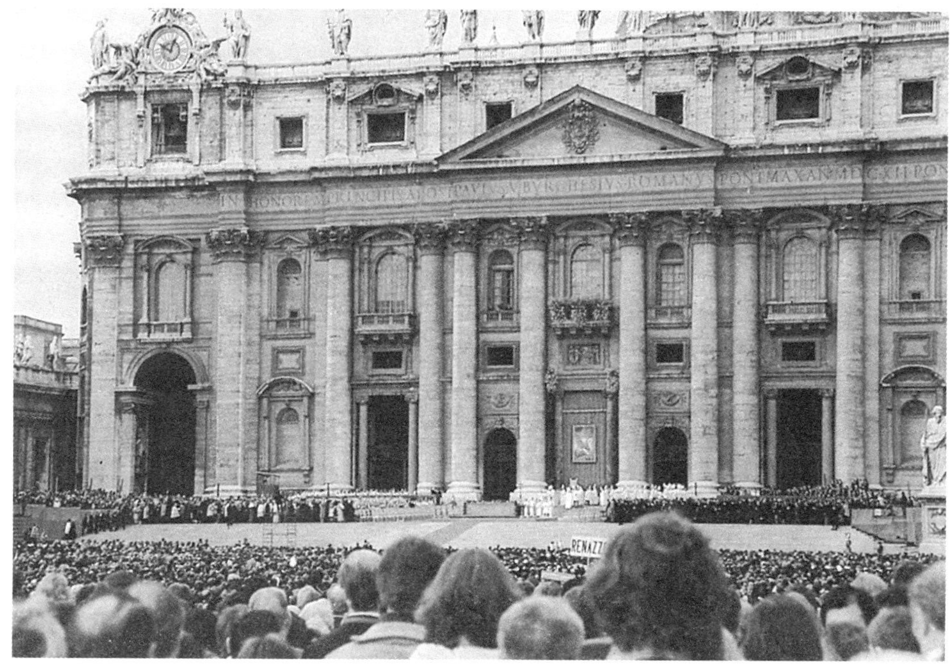

图 57　罗马圣彼得广场

图 58　挪威人的生活，19 世纪末期的院落

成为总体平衡体系中的振动，意外感被排除了。广场并不展示新的东西，而是告诉人们事物是怎样存在的。竖向张力把大地上的日常生活现象与天空相互联系，表明生活是存在于“天地之间”的一种方式。广场因此与聚居地区的“外部”形成互补。一种到达某地的感觉在广场中得以满足，从外部看聚居地区所得到的一种期待，在广场中变成了人们所理解的世界。在那些低地国家的老城中，这种居住地外部与街道和广场之间的关系尤其明显。从远处看去，两坡屋顶出现在环城的墙体之上，展现了聚居区域的基本形式母题。在街道中，形式母题出现了很多变体，当人们最终达到广场时，形式母题以其本来的面貌出现。我们可以把这种经历与一首乐曲相比较，经过一系列完整的铺垫和准备，主题以充分发展的形式出现在结尾部分。[62]当形式母题出现在作为重心和公共象征的公共建筑物上时，人们对形式母题所传达的信息会有更深一层的感受。这类建筑物通常高于建筑群体之上，使人们从远处看去，就可以获得其内部世界所传达出来的意义和信息。老城的内部和外部在形式上互补，构成了一个有意义的整体。在城市中，人们不仅仅要发现可能性，而且要理解这些可能性是复杂而相互关联的世界的一部分。个人的选择因此获得一种集合居住的意义。

上述对街道地面和“顶棚”的描述，基本上也适用于广场。广场的地面是一连续统一的整体，规则的几何形制加强了这种整体的连续性。有时，几何形制会强调某一特别重要的公共建筑物，例如锡耶纳的中心广场。地面形式的中断也许会破坏但也许会增强地方的统一感，因此在设计时要特别注意整体性。广场的“顶棚”与周围建筑物的顶部相关，由于广场的空间尺度较大，建筑物就变得更为重要。与其他地方相比，居地建筑物所特有的站立和升起方式，在广场周围更为明确地表现出来。墙面、地面和顶棚共同决定了城市空间的特征，促使人们来认同和居住。

本世纪初，雷蒙德·昂温（Raymond Unwin）和布林克曼（Albert Erich Brinckmann）富有想象地研究了传统城市空间的形态学。[63]最近，R·克里尔又复兴了这方面的研究。[64]然而到目前为止，研究还只是停留在纯形式的术语上。在城市空间被解读为会合和选择的地方后，形式上的考虑便获得了存在意义上的基础，城市空间便成为集合居住的体现。这样，我们就不再担心周围事物的“相貌”，从而以一种新的方式来接触环境。认同一个地方主要是指接受地方的特征或场所精神，共有一个地方意味着共享对地方特征的经历。最终，尊重一个地方，就是要使新的建筑物适合地方的特征，认同和适合显然首先要理解体现场所精神的人造形式。在后面讨论公共建筑和居住房屋时，我们将对这个问题进行更为深入的研究。

空间关系学

我们已经把满足密度需求的空间称为城市空间，而街道和广场是其表现的主要形式。城市空间应当具有特别的品质。首先，它们应当是闭合的，以形成一种“内部”的感觉。在这个意义上，我们可以把“图形质量”（figural quality）的概念转换为“空间图形”。空间图形是一种易于辨认且具有明确特性的形式。

显然，“图形质量”取决于这样的形式，取决于构成单元的尺寸。即使具有明确的边界，一个很大的空间也会失去自身的特性。“图形质量”因此总是与人相关，与实际生活相关，而不是一个抽象的形式属性。尺寸的问题通常被理解为“人体尺度”的问题，这个尺度不一定是与人体相关的尺寸，而是与空间中所发生的事件相关。总体上看，人体尺度与会合相关，与人们的相聚而不是分散有关。空间形式应当促进人们的聚会。因此，街道应相对狭窄并有明确的方向，而广场在原则上应当是一个圆形（!）。我们已经指出了连续边界的重要性；独立的建筑物不能形成城市空间，

图 59　但泽城(Danzig)鸟瞰，根据格鲁伯(Gruber)对德国城市的格式塔研究

图 60　波士顿城的空间关系，根据林奇（Lynch）的研究

图 61　伯尔尼，正义街－克拉姆街沿街立面

图 62　德国广场

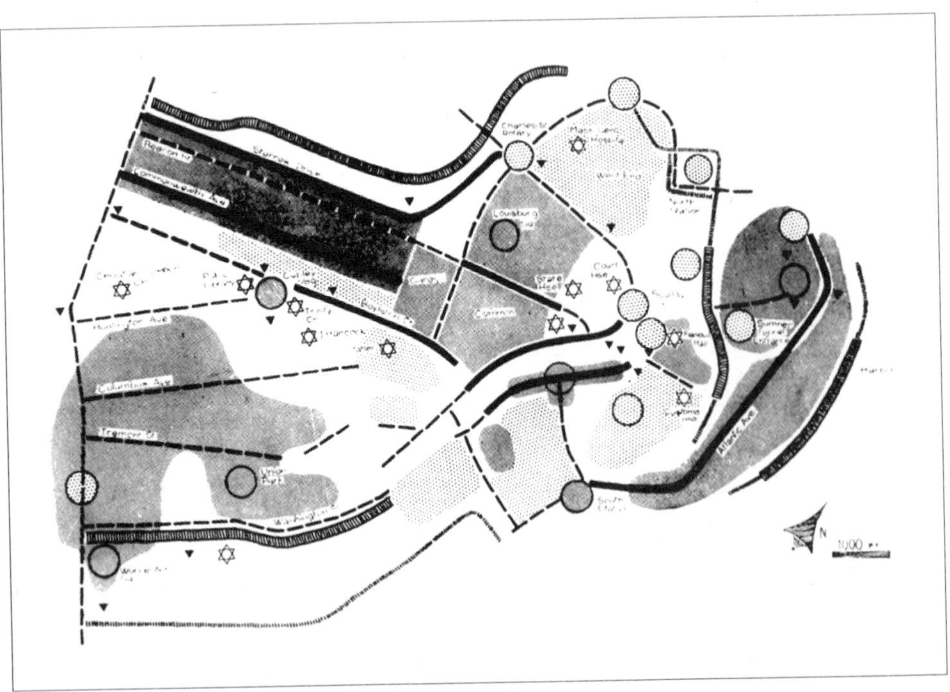

尤其当建筑物之间距离很大时。街道和广场的"图形质量"会由于其中某一建筑物的拆除而遭到破坏。

城市空间应当呈拓扑结构，以方便人们的聚会。在拓扑形式中，各个组成元素都是"自由的"，因为元素之间并没有优劣高低之分。亚里士多德认为，城市应当为人们提供安全和幸福；我们发现，那些信奉这个论点的理论家们，都提出了呈拓扑结构的城市空间。[65]

一般地说，拓扑空间尽管没有任何明确的对称性，但却是清楚地呈围合状态的。几何空间则正相反，表现出一种共同的秩序，因此建议和强加了某种选择。我们已经指出，综合的几何布局能使聚居区域成为世界的意象。然而，一条笔直和规则的街道并不只是反映了这种总体意象，它还体现了某种社会契约，而这种契约构成了某种在天地之间存在的方式。由于广场作为中心的重要性，几何布局会使它获得综合象征意义的质量。[66] 罗马的圣彼得广场无疑反映了基督教的世界意象，而卡比多广场则体现了与人们生活出发和回归相关的地球中心的意象。广场所浓缩和显现的内容要比聚居区域这个整体所表现出来的更为明确。由于这种内容主要关注人们的聚会，广场应当在其几何属性以外还有拓扑结构的特征。锡耶纳广场就是一个很好的例子，它体现了自由与秩序之间有

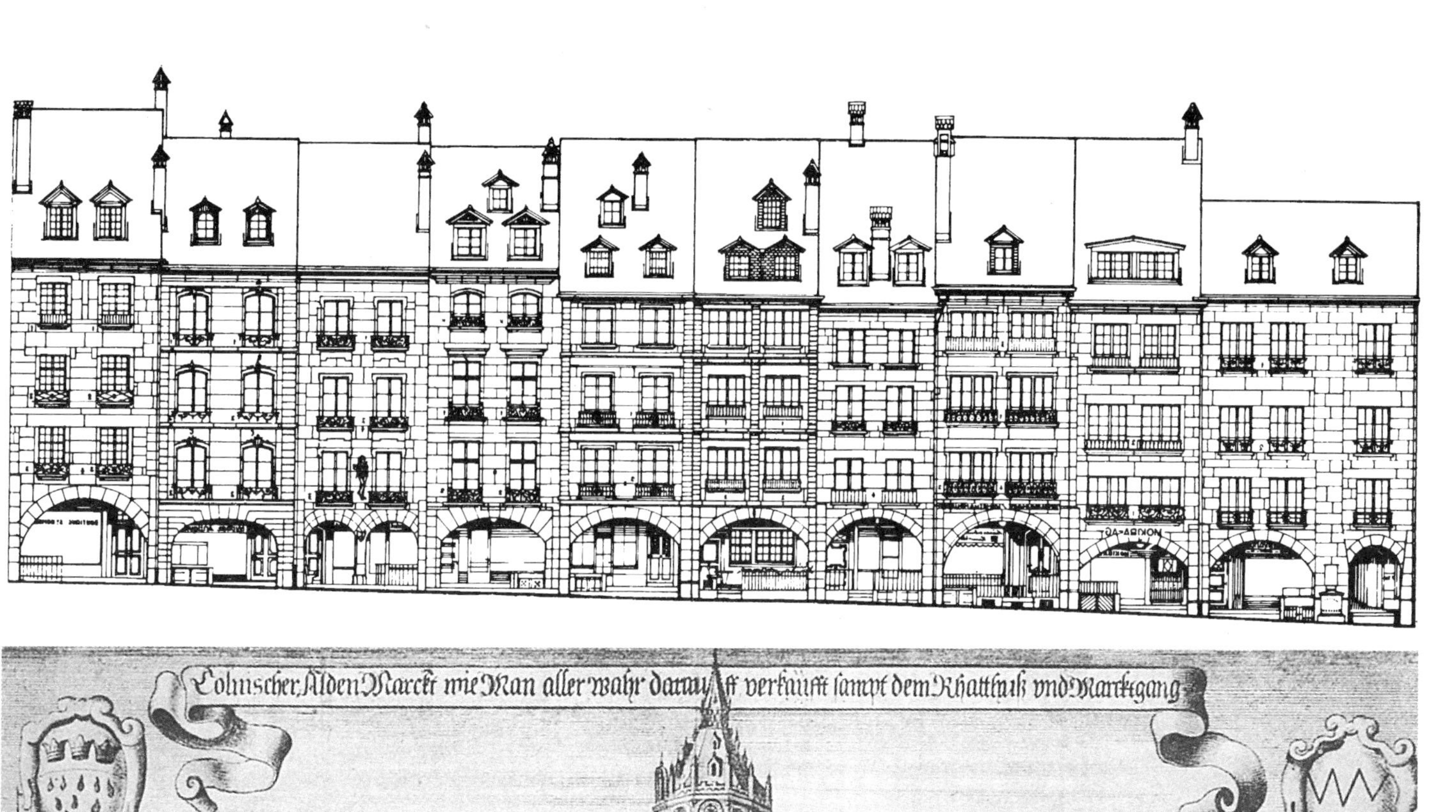

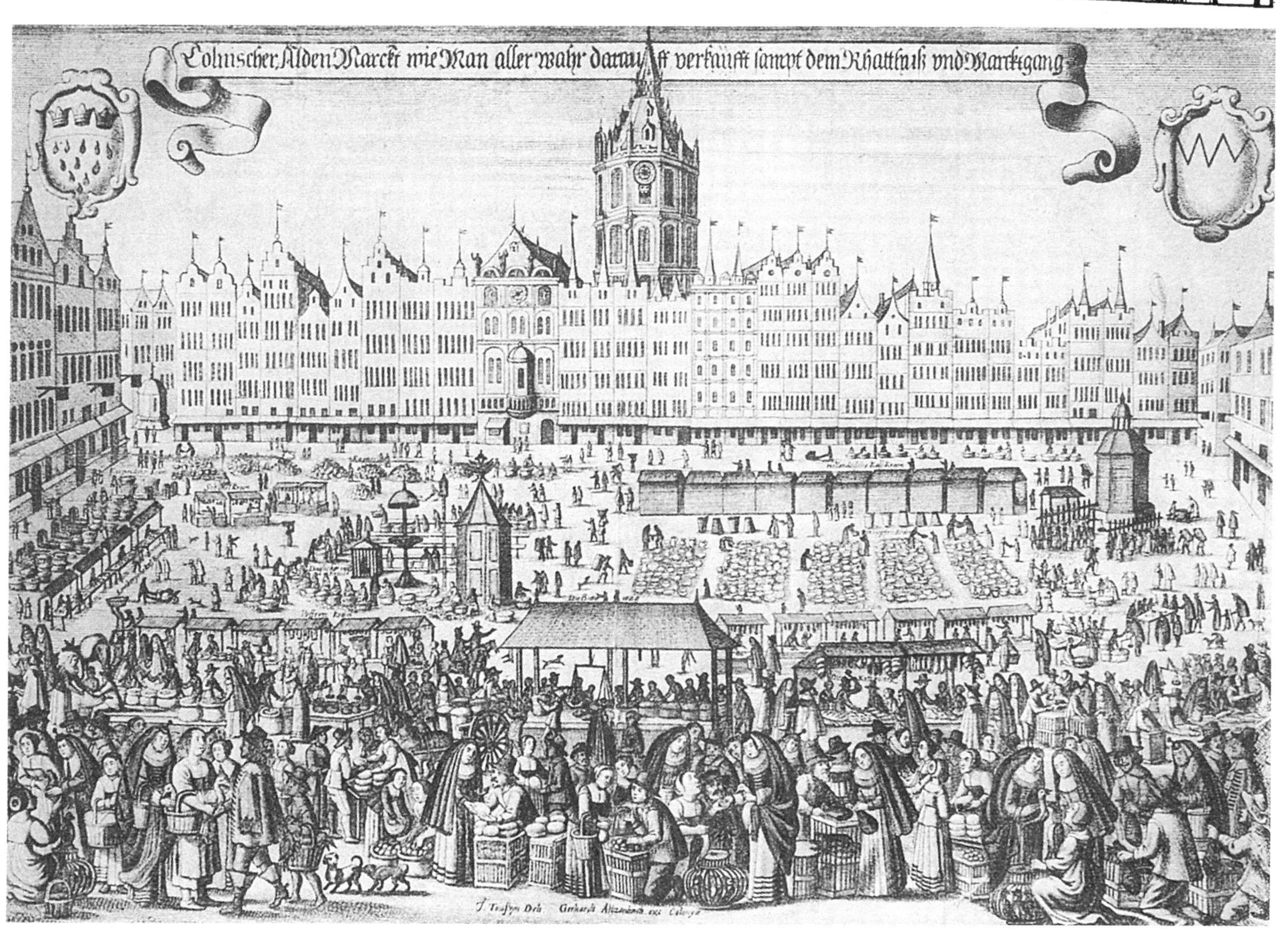
Colnischer Alden Marckt wie Man aller wahr darau ff verkaufft sampt dem Rhatthuß vnd Marckgang

意义的平衡，威尼斯的圣马可广场也是这样。在像罗马这样的大城市中，广场的功能被特别化了，而纳沃纳广场则表现了一种综合的微观世界。

我们已经指出了会合与定位之间的关系，现在来讨论一下定位与城市空间之间的关系。由于凯文·林奇的开创性研究，这个关系变得很好理解了。[67]首先，林奇告诉人们，用于定位的主要元素是广场和街道（通常与显著的“地标”相联系）。他从对现代建筑空间特征的抽象解读出发，最终回到运用空间图形的具体方法。他进一步指出，人们的定位与由街道和广场限定的“地区”或“领域”有关。显然，这三种元素与组团、行列和围合相对应，与聚居区域的整体有关，进而与格式塔的组织原则有关。从原则上看，领域是组团，街道是行列，广场是围合。城市空间因而在较小的规模上重复了更为全面的秩序，它浓缩了世界并使世界更接近人们。我们也可以从另外一个角度来看待这种环境层次之间的关系：组团、行列和围合是从内部决定的，而城市空间则是发生细胞。在村落中，这两种层次也许完全重合，而人们定居和会合的空间图形也基本相同。在这两种情况中，空间形象表达了会合的方式，同时也体现了一种集合的居住。通过定位，人们获得了空间形象。这种形象限定了人们运动的可能性，同时也就规定了人们发现和选择的可能性。没有环境形象，人们就只能是漫步闲逛而没有归属感。在小城镇中，人们很容易获得环境的总体形象，而在大城市中，人们则只能获得自己所偏爱的部分环境形象，如所熟悉的邻里和特别重要空间的形象。为了帮助人们在大城市中获得环境形象，城市应当被划分为由街道、滨岸、河堤这些“边界”限定的区域。空间形象自然可以呈拓扑结构，几何结构，或是两者的结合。相邻、延续、围合这些拓扑属性的存在，是形成令人满意的形象的先决条件，而更为规则的几何空间则是在伸展的拓扑结构中的焦点。有些自相矛盾的是，一种完全规则的几何布局尽管易于理解，但却会因为其组成部分的类似性而阻碍人们的定位活动。当布局缺乏明确的主要和从属空间的等级时，人们就会产生强烈的失落感。因此我们认为，环境形象和空间组织并不一定是重合的。环境形象是一种“生活空间”，而空间组织则通常是只能从空中才能看到的一种抽象形制。[68]我们的结论是，城市应当由拓扑和几何元素构成，从而形成等级层次分明的城市空间来容纳城市生活。

类型学

街道与广场的空间布局和人造形式一起构成了显现集合居住的城市图形。人们对聚居区域的记忆主要归功于城市图形和地标建筑物。在老城地图中，重要的城市通常由主要广场的形象表现出来。[69]城市由不同的城市空间构成，要了解这些空间就必须熟悉整个地方。位于其间起连接作用的“领域”通常不那么为人们知晓，而只是以一般的背景元素加入到环境形象之中。

“图形质量”意味着形式具有一种普遍的价值，即典型而共同的属性。怪异的求新不是真正的图形，因为“图形质量”必须得到公认。图形因此超越了个体，成为一种世界的象征。然而将图形和类型画上等号的做法是一种误解。类型是许多环境共有的总体出发点，而图形则是类型在具体环境中的体现。

问题是我们是否能够建立一种城市空间的类型学。分类可以建立在功能或形式，或是两者结合的基础上。我们因此可以谈论“家用”、“商业”或“纪念”空间，以表明它们在拓扑—几何布局上的某些不同之处。但这种分类只是使我们对决定城市图形的类型的理解进了一步。一个图形之所以被认为是图形，是因为它具有显著的质量，即一种很具体的极其显著的格式塔。事实上，建筑历史中就有这样的空间。柱廊或拱廊街就是一个很好的例子。古罗马城市中的主要干道都以两侧的列柱为特征，具有一种超越背后街区内容的意义。[70]

图 63　巴黎，旺多姆广场，芒萨尔（J.H. Mansart），1698 年

图 64　开罗伊斯兰城

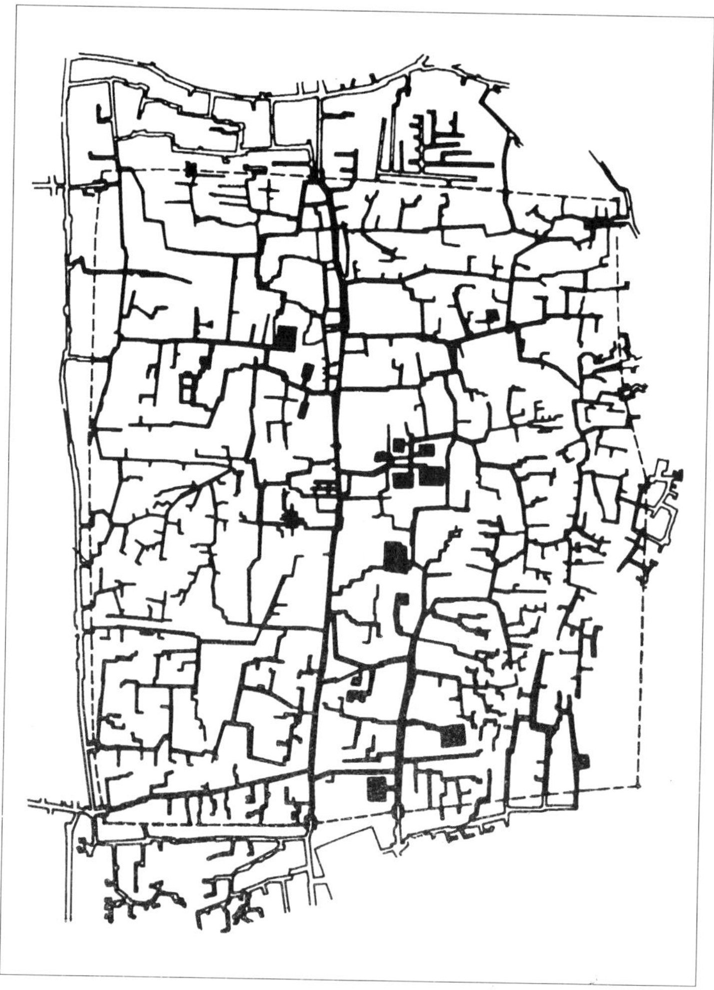

图 65 奥斯陆，人文空间的丧失

列柱不仅表现了一种超级秩序，而且也以其“典型的”拟人化元素“居住”在街道中。在很多国家中，拱廊街有着悠久的历史，通常表现出一种富有变化的秩序。波恩的主要街道正义街——商业街就是一个特别辉煌的例子。整条街道的连续拱廊和其上的住房变化丰富，但突出的类型却相当明显，使城市空间呈现出一幅极其优美和统一的图像。其他典型街道的鲜明特征，要归功于凸窗这类母题的带有变化的重复。在这两种例子中，“图形质量”反映了对城市空间和其周围的建筑物内部之间关系的某种解读。这是一个很有意义的事实，因为由街道显现的会合空间意味着一种特别的内部与外部的相互作用。用罗伯特·文丘里的话来说，就是“墙体表现了内部和外部使用和空间力量的会合。”[71]

在历史上，广场也是由一系列典型的图形构成。我们可以举出以下两类例子。呈轴线布局的古罗马广场和君主雕像位于中心的法国 17 世纪皇家广场。保罗·朱克把它们分别称为“定向的”和“核心的”广场[72]，空间图形需要一种中心和轴线的系统，以使自身超越仅仅是围合的意义。中心（纪念性建筑或喷泉）和方向的运用并不意味着刻板的对称，佛罗伦萨的西尼奥瑞亚广场以其“动态的平衡”证明了这一点。[73]

与之相反的是，规则的对称性也许会破坏广场的集聚质量，许多 18 世纪和 19 世纪时的实例证明了这一点。

限于本书的研究范围，我们将不讨论历史上所有可能的类型。在此我们只需要指出，可供选择的城市图形表达了一种存在于世即存在于天地之间的方式。欧洲和伊斯兰城市的对比说明了这一点。前者着重用街道和广场系统来使包括自然环境在内的居住环境更为接近人们，而后者在原则上解答了在沙漠这种无限单调伸展且缺乏地方感的环境中如何居住的问题。应对沙漠挑战的较好居住形制就是呈拓扑结构的密集而错综的布局。伊斯兰城市是通过围合的庭院住房相加而成，城市空间成了剩余的间隔，布局看上去不规则，但实际上是依据伊斯兰社会的结构来组织的。富有特征的盲巷显现了家庭单位的环境。[74] 沙漠的主要空间形式是横向伸展的，阿拉伯人偏爱低矮且水平伸展的建筑物。仅有的竖向元素是清真寺中纤细的光塔，它提醒人们，居住是在天空之下。在沙漠中，人们并不会遇到自然中的多种力量，而是体验到最为普遍的“宇宙”属性。清真寺因此为正交布局，在错综复杂的居住环境中引入普遍的秩序。

总体上看，城市空间可以保持和显现集合居住的世界。城市空间有三种功能。首先，城市空间满足了集合生活的需要，容纳了一个社会的各种活动。当然，城市空间也与自然环境中的地形结构有关。其次，建筑物以其站立和升起的方式表现出在天地之间的存在，从而构成了集合性的主要特性。第三，空间图形作为城市环境中的组织中心，显现出一种对世界更为全面的理解。这最后一个功能也许可以获得一种具有深远意义的价值，从而使空间以整个世界的中心出现，例如罗马的卡比多广场。

今天的城市空间

与聚居区域相关的地方的真正丧失在整体上对应了城市空间的丧失。“绿色”城市的空间连续体难以容纳传统的街道和广场，现代规划的理论家们主张彻底废除街道和广场。[75] 结果，今天的城市正在变为分散建筑物的集合体。甚至古老的城市也面临解体的过程，这部分是因为功能的总体布局，部分是因为机动交通的压力。会合和选择的可能性也因而失去，人们的疏离感成为一种常态。在凯文·林奇对洛杉矶城的研究中，一位受访者说：“这就像你很早就计划到某地那样，但当你最终到了那儿，你却发现那儿什么都没有。”[76]

然而，最近对绿色城市的反击引出了城市空间更新的概念。虽然，现代社会目前还不懂得传统意义上的会合功能，但许多人开始认识到，缺乏限定空间的城市不可能提供任何有积极意义的

图 66 "城市的建筑"，罗西（A. Rossi）绘制

东西。许多理论家和建筑师开始研究历史城市，重新找回城市形态和类型的原则。他们的基本目标，正如阿尔多·罗西在《城市建筑学》[77]一书*中所主张的，就是要重新把城市视为一件艺术品。作为一个建筑作品，城市应当显现一个世界，容纳集合的居住生活。没有基于存在意义上的城市功能理论，"城市的建筑"很容易成为一个空洞的形式。这种危险已经为许多实际工程所证实，在这些工程中，历史上的空间图形被复制，但却没有理解这些图形作为"集聚"和"说明"的性质。尤其在那些复制了 19 世纪学院派潮流作品的工程中，几何形制被误认为具有真正的"图形质量"。尽管存在这些不幸的趋向，但许多重要迹象表明，我们正在走上回复真正城市空间的道路。

最后，我们要再次提到场所精神的基本意义。即使在我们当今的"全球化"时代，场所精神仍然是一个现实。人们的特性以地方的特性为先决条件，我们因此应当理解和保留场所精神。城市空间所显现的世界既是普遍的，又是带有地方特性的，从而使为公共和私密居住服务的建筑物根植于给定的环境之中。我们也可以说，城市空间为满足公共建筑与住房的需求做好了准备。

---

* 《城市建筑学》中文版于 2006 年 9 月由中国建筑工业出版社出版。——编者注

第四章　公共建筑物

在聚居区域中，我们注意到那些体现居住者共享价值的建筑物。在此，选择已经完成，在集合意愿的基础上，居住成为公共性的。我们也可以说，居住被设计为具有相互关联的一组公共建筑物，用以说明和解释世界。“我是”不再是一面开敞的镜子，而是意在对特别意义的认同。我们也许因此可以接受关于世界基本性质的假设，即一种对给定地点的理解，或是一种应当如何组织社会的理论。在聚居区域中，公共建筑物应当具体地体现出公共的意愿。显然，这些建筑物不仅允许共同认可的行为发生，而且具体表现出这些行为作为一种生活方式或存在方式的意义。

站在一公共建筑物之前，人们应当从建筑物上获得一种期许，即建筑物能够说明和解释，事物是如何将城市中的多种会合有序地集聚在一个综合的形象或图形之中。在进入建筑物之后，其内部空间所展示的具有意义的微观世界完成了先前的期许。所以，公共建筑物是一种世界的形象，但同时也总是“某种事物”，如“教堂”、“市政厅”、“剧场”、“博物馆”、“学校”。换句话说，公共建筑物并不是一个抽象的标记，它们参与到人们的日常生活之中，从而与永恒和共同有关。教堂表现了对世界和生活的总体理解，市政厅表现了社会的组织，剧院是对生活的再现，博物馆保存了人类的记忆，而学校则使人们体验到知识和学问。当我们“使用”这些公共建筑物时，世界就敞开了，归属也就得以实现。

然而，公共建筑物并不意味着面貌完全一样。在面对公共建筑物时以及进入其内部之后，人们总是会作出自己个人对集合意愿的贡献。在剧场和学校中，我们个人的特性正是功能的一部分，而在教堂和市政厅中，个人的特性则是通过仪式和庆典活动体现出来。在把哥特教堂称为“世界镜子”时，人们不仅是指它的普遍秩序和宗教象征意义，而且也指它对人们日常生活的全面综合。[78] 一个公共建筑物如果不以这种方式来结合具体的地点和时间的话，它就会停留在抽象的概括上。

公共建筑物因此既与实际行为又与思考有关；它是一个整体的形象，既是目标，又是出发点。人们在此获得所需要的见识，以使自己的行动具有目的和意义。作为建筑作品，公共建筑物产生于对世界诗一般的理解。只有诗歌才能使人们有可能洞察建筑的意义，有可能将其对实际和理论的理解转变为具体的形象。所以，公共建筑物的意义，不仅在于社会的认同，而且在于其与共享世界的诗一般的关系。

我们已经将共享世界定义为事物的集聚和人们的会合，这些集聚和会合有的来自远方，有的则就在眼前。这种集聚一般都与自然环境有关，而自然环境正是通过集聚的过程成为“适宜居住的环境”。公共建筑物因此不仅表现为“某物”，而且表现为“某地”。例如，教堂总是“同样的”，但这里的教堂和那里的教堂却是有差别的。“中心”的概念在此具有双重的含义：聚居区域是自然环境的中心，因为它使自然环境接近人们；公共建筑物是更深层次上的中心，因为它说明了自然环境，从而与普遍的世界相关。作为具有揭示意义的中心，公共建筑物激发了城市空间所要求的选择。潜藏的城市意义在此被揭示出来，生活似乎从武断的状态中获得了自由。当这种情形发生时，我们就实现了共享与参与意义上的居住。

那么，是什么体现了公共居住的意义呢？要回答这个问题，我们必须回到我们所讨论过的体现和容纳的概念。建筑体现了某些事物在天地之间存在的方式，而经过组织的空间则容纳了相应的活动。在建筑和空间中，外部和内部相互作用，外部成了内部的铺垫和准备。人造形式包含了外部立面和内部立面，从外部导向内部的通道形成空间的组织。独特而有意义的图形因此产生，成为人们认同的物体。作为综合的说明物，这些图形应当具有高度的精确形式，同时又构成了所集聚世界的复杂性。公共图形所以是简洁而丰富的，形象易于理解且促使人们思考其中的综合内容。在此，多样性表现为明确的形式和相当密

图 67　世界意象，罗马万神庙，公元 120 年

度的有序构成。公共图形忽视人们的内在冲突吗？根本不是。艺术形式的一个基本质量，就是能够体现逻辑上相互矛盾的内容。用文丘里的话来说，一件艺术作品总是“兼容并蓄”的。[79] 艺术表现就在于能够揭示从逻辑分析上无法得到的意义。然而，建筑历史表明，矛盾和冲突在有些时期比较突出，而在另一些时期则不那么明显。在 15 世纪时期的意大利，冲突被降到最低，形式偏爱易于理解的理想“和谐”；而在 16 世纪时期的意大利，人们则反对这种和谐形式的简化，出现了复合和矛盾的形式。这个时期的建筑作品以富有意义的综合和强烈的图形为矛盾和冲突提供了答案。米开朗琪罗的作品证实了这一点。[80]

在以下对公共建筑的形态和类型的讨论中，我们不可能涉及所有这些表现形式。我们将以一个重要的例子来说明这个问题。在整个西方历史中，教堂是主要的建筑任务。[81] 教堂包含且体现了人们对生活和世界的理解。历史上，人们对某些普遍而永恒的原则不断有新的解读，教堂也总是为人们提供了存在的基石。教堂因而揭示了建筑的一切，教导人们如何运用建筑的“语言”。

形态学

我们已经讨论过，建筑物是如何通过其站立、升起和开敞的方式来体现人们

图 68　韦兹莱（Vézelay），圣玛丽亚教堂，11—12 世纪

在世界上存在的方式。我们也曾指出，建筑体现总是表现为“某些事物”。尽管市政厅和教堂同属一个社区，它们却会以不同的方式表现出自身的基本意义。这种情况在许多中世纪城市中很明显，其中的市政厅和教堂互为近邻。我们可以说，这两者所集聚的世界只是部分的重合；市政厅着重世俗生活，而教堂则强调更为普遍的“天堂”的意义。在聚居区域中，这两种不同的公共建筑物通过不同的塔楼设计表现出来。由于教堂能够提供更为综合的解释，它与先前的神庙一起，成为展现居地特征主要形式的源泉。在整个欧洲历史中,意义的体现是由“上天”决定的。[82] 教堂所表现的内容辐射到环境之中，而其他公共建筑物和居住房屋则反射了其所包含的真理。

一开始，教堂主要表现为一种内部形式。早期基督教巴西利卡外部墙体，只是围合具有象征和明确形式内部的中性“外壳”。这个事实表明，教堂所展示的世界具有某些重要性。与古希腊的神庙形成对比，教堂并不以自然特征作为出发点，从而通过体现这些特征的形式来揭示人们对自然环境的理解[83]，而是着眼于对天地之间关系的更为普遍的解释。这种解释源于《创世纪》第一章中的第一句话：“起初，神创造天地。”也就是说，在一开始，先给定一个地方，以使创造成为可能。世间的所有东西都

图 69　汉诺威，市政厅和教堂

图 70　早期基督教巴西利卡，圣萨比纳教堂，罗马，422 年

图 71　教堂的内部世界，圣萨比纳教堂

出现在天地之间，这在总体上代表了对混乱的征服。“地是空虚混沌，渊面黑暗。”创造因而与混乱的空虚、无形、黑暗和深不可测这些性质相对立。然而，混乱是怎样被征服的呢？物质和秩序战胜了空虚和无形，光明战胜了黑暗，实地战胜了深渊。因此,光明,上下的秩序，干涸的大地出现了。其中所表明的空间属性是人们生活的前提条件。这种空间属性是具体的，而不是用抽象数学术语来描述的。所创造的空间不是空虚和无限的，而是由“事物”来决定的。这就是地方。现在，生活出现了，正如“植物和树木按其类各自结出果实”，“生物按其类显出各自生命。”

在《创世纪》的第二章中，地方和生物合在一起被描述为花园。然后，“神将那人安置在伊甸园，使他修理看守。”在基督教的解读中，人的生活从一开始就与地方有关，人的主要任务就是工作与照看。我们可以认为，人的照看表现在其作品之中。

人的作品是多方面的，其中有建筑作品即建筑物。[84] 在“建造”世界时，人们在独特地点和天空与大地之间的总体关系这两个方面显现了神所创造的空间。这种空间总是与人们的关照和劳动相互联系，从而表现为“某种事物”：如住房、学校、教堂。建筑物也是“根据其种类”立于天地之间的。建筑物的种类通过其站立、升起和开敞的方式表现出来。建筑物“站立在那儿”容纳生活，同时也以清晰的特征具化了人们的生活状况。建筑物因此而获得“图形质量”。

作为一个地方，教堂具化了所创造的世界的基本属性。所有其他建筑物只显现了部分的世界，而教堂则关注表现世界的总体。也就是说，教堂应当明确地表现出天空和大地原本应有的关系。那么，什么是这种关系的常恒和变化的属性呢？大地总是深色的，承托着岩石、水体和植被，而天空则表现为光亮、空气和主要方位。大地因而是物质和形式，天空是照明和秩序。它们的关系总是表现为上部与下部，横向与竖向的不同。变化的方面表现在天地属性之间的选择，表现在对它们会合之处的解读。教堂的内部立面总是在视觉上表现了这些内容。在早期基督教的巴西利卡中，我们可以看到上下叠置的两个区域：下部是柱廊或券廊和相邻的昏暗通道，上部是高墙或带有高大侧窗的墙体，墙面饰有闪烁的马赛克砖。从柱子的自然和拟人的象征意义和光线所代表的天空意义，我们可以理解这种内部立面是如何具化了大地和天空的意义。

在其后的世纪中，这个母题被不断地重新解读，从罗马风和哥特教堂中上下两部分的有力统一到文艺复兴中的几何秩序，再到巴洛克神圣剧场中的视幻觉的相互作用。其间出现了成千上万座教堂，但基本的母题却是相同的。然而很少有两座教堂是同样的，这很像人的情况一样，尽管他们都立于大地之上，但大家却各不相同。为了解读教堂的内部立面，人们应当将其理解为由柱子、拱券和窗户这些从属形象构成的复合形象。所有这些元素集聚了世界的不同方面，它们合在一起显现了存在空间的属性。[85]

在对基督教空间立面的简单讨论中，我们只考虑了竖向的尺度。空间水平方向上的空间节奏也可以用来解释世界的基本属性。阿尔伯蒂在曼图亚设计的圣安德烈亚（Sant Andrea）教堂就是一个特别有趣的例子。[86] 在教堂中殿的两侧，交替出现的开敞和闭合的小祈祷室取代了侧廊，在壁柱之间形成了一种宽敞与狭窄交替的富有节奏的序列。在空间中延续的这种节奏，到了十字中心和祭坛发生了变化。交替开间的设计按照当时的音乐理论，其宽度之间的比例关系与和弦中音程之间的比例关系一样。这种比例在中殿是 1 ：2，在十字交叉处是 2 ：3，最终在后殿变成完美的 1 ：1。显然，阿尔伯蒂想表明，和谐随着人们步向祭坛而增强，以表达建筑之中的意义核心。

我们也可以用圣安德烈亚教堂作为一个出发点，来简要地讨论建筑的外部形式,即正立面。教堂内部的“墙面母题”

图 72　天地一体：国王学院小教堂，剑桥，约1446 年

图 73　巴洛克教堂的神圣剧场：维森海里根(Vierzehnheiligen)教堂，纽伊曼(B. Neumann)设计，约 1743 年

图 74　圣安德烈亚（S. Andrea）教堂，曼图亚，阿尔伯蒂（L.B. Alberti）设计，约 1470 年

图 75　罗马圣苏珊娜（S. Susanna）教堂，马德诺（C. Maderno）设计，1600 年

也出现在正立面上，但中部开间要比两侧的开间宽得多；两者的比例为 1 ∶ 3。这种设计达到了两个目的：第一，创造一个吸引人的入口；第二，适应周围复杂和不同的建筑环境。立面意在成为一种转换图形，将外部与内部联系起来。某种与内部立面的类比关系在此显现出来：内部立面是天地之间的转换图形，而正立面则联系了内部与外部。外部立面因此为内部的天国做好了准备。它因此成了过渡门廊。

教堂主立面的历史表现了这种意义。在早期基督教巴西利卡中，入口小而谦逊，表现出世俗外部与神圣内部的对比。在中世纪主教堂中，入口立面变得壮观和“透明”，显示了教堂在世界中的存在。[87] 与之相反的是，文艺复兴时期的教堂主立面并不开敞，其设计表现了一种内部和外部共有的普遍的世界秩序。巴洛克教堂主立面强调“劝诱”的功能，力图劝说人们进入教堂，参加活动。表现这些不同设计的方法是穿透(纵深运动)，横向节奏（如巴洛克教堂对中部开间的强调)，竖向张力（为内部空间的具体解释做准备)。

以上对教堂的内部立面和外部主要立面的讨论，在总体上也适用于任何公共建筑物，尽管不同建筑物的意图决定了不同的表现形式。外部主要立面因此总是一种转换元素，必须具有一种显著

图 76 集中和纵向空间：基督圣墓，耶路撒冷，约 335 年

图 77 集中和纵向空间的综合：圣索菲亚教堂，君士坦丁堡，537 年

图 78 集中和纵向空间的结合：圣斯皮里托（S. Spirito）教堂，佛罗伦萨，伯鲁乃列斯基（F. Brunelleschi）设计，约 1436 年；帕维亚（Pavia）主教堂，伯拉孟特设计，1488 年

的“图形质量”，以表现在天地之间存在的方式。只有这样，它才能站立在城市环境之中，成为人们向往的一个目标。内部总是一种说明，建筑形式必须能揭示出内部空间应有的内容。这样，公共建筑物就能满足人们的期望，为人们提供一种共享居住的感觉。

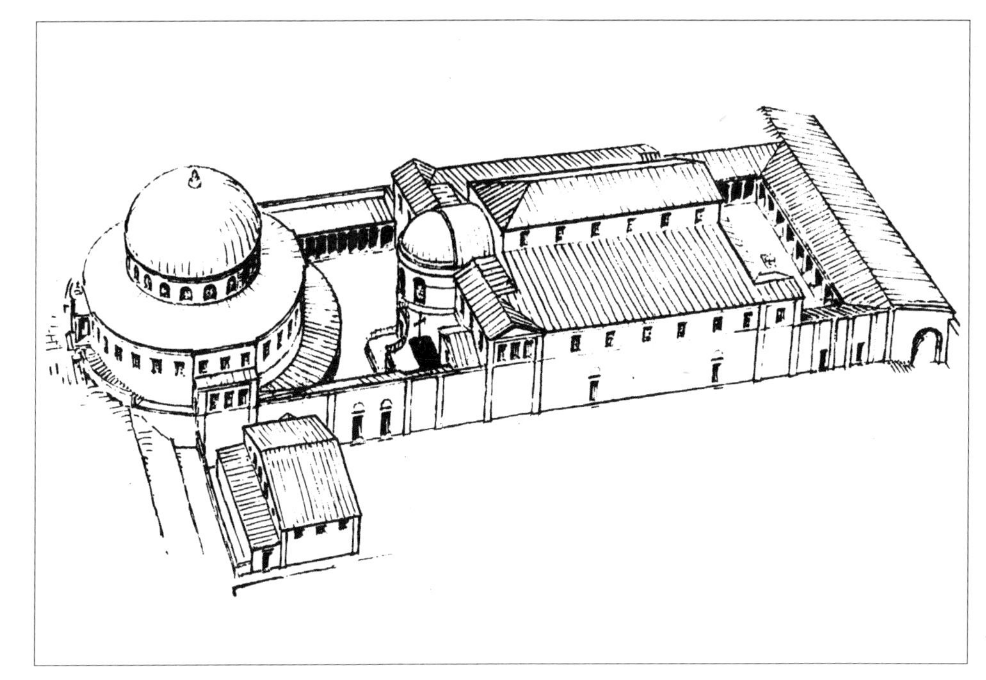

空间关系学

在城市中，有许多通行的道路，也有许多隐藏的目标。我们因此必须选择运动的方向并希望能够到达某地。这个“某地”就是公共建筑物，它把模糊和复杂变为清晰和秩序。换句话说，通道和目标在此成为系统的经过组织的空间。事实上，建筑历史表明，公共建筑物通常有其基本的组织方式，例如，集中布局，轴线组织和方格网。根据建筑物的性质，人们有区别地对这些组织方式进行程度不同的运用和综合。当然，共同的准则是让人们感到，自己进入了一个经过解释和说明的地方。我们再次以教堂作为特别具有揭示意义的例子。由于要解释和说明世界的基本和普遍的属性，教堂应当揭示与自然和人们生活相关的通道和目标的基本性质。然而，基督教世界的中心不仅仅是一个具体行动的地方。它首先要揭示生活的意义，这种揭示以追随基督为先决条件，在建筑上表现为通向作为与基督交流象征的祭

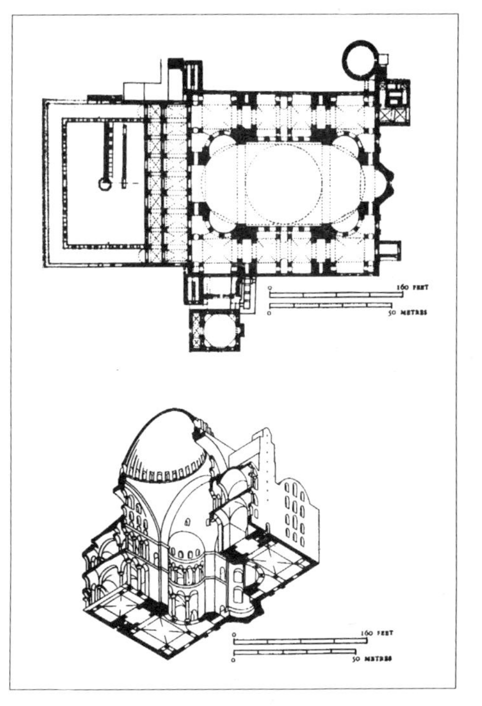

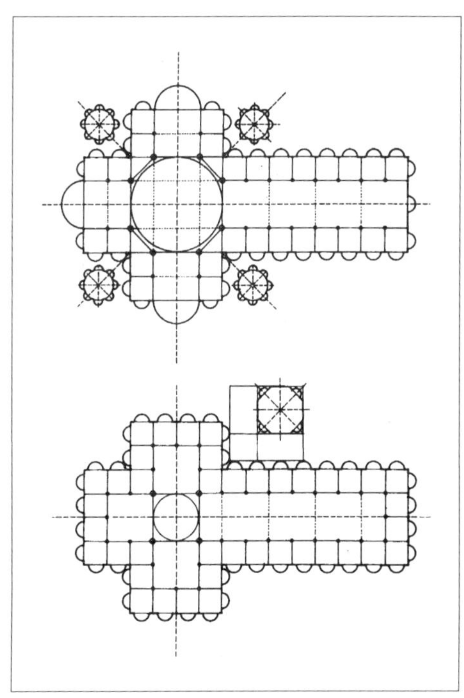

图 79　用椭圆综合集中和纵向空间：罗马圣卡洛（S. Carlo）四喷泉教堂，波罗米尼（F. Borromini）设计，约 1634 年

图 80　“跃动”空间，卡萨莱的圣菲利波（S. Filippo）教堂方案设计，瓜里尼（G. Guarini）设计，1671 年

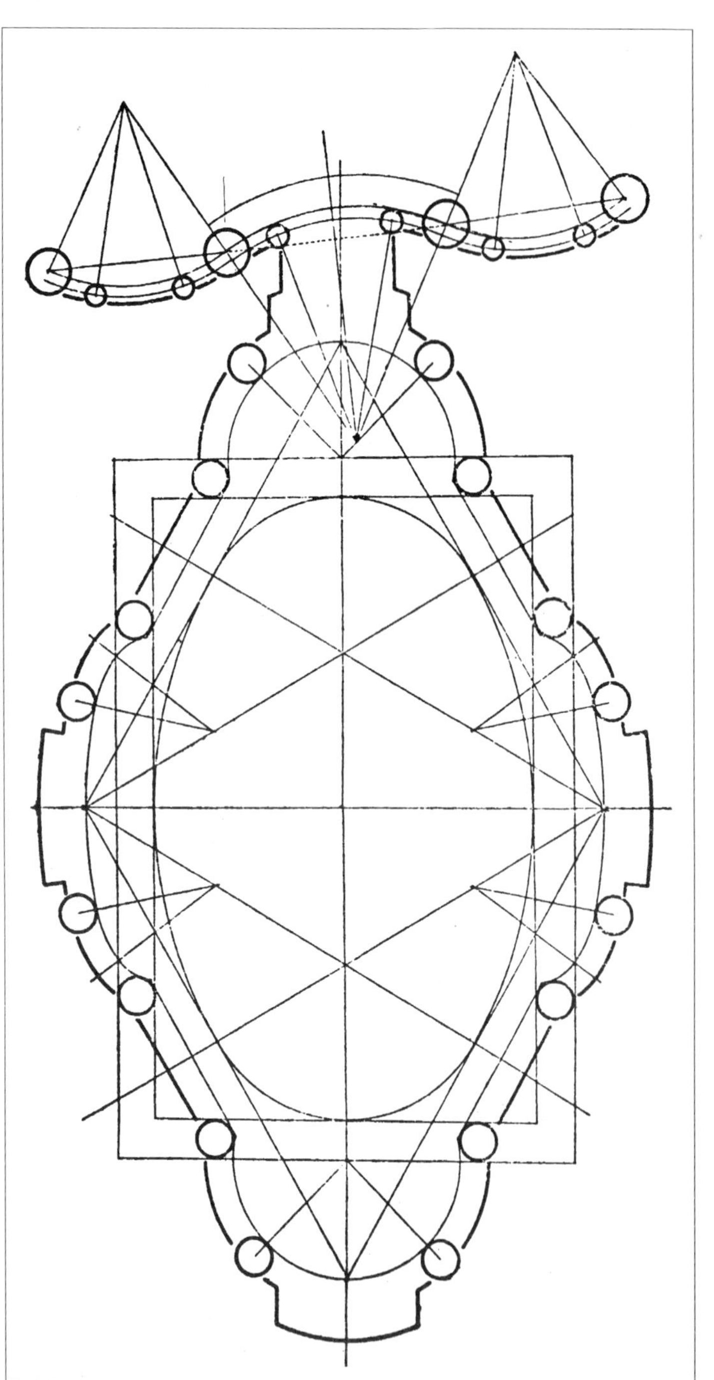

坛的纵向轴线。当从这种交流再回到日常生活中时，人们已为将这种交流转变为神性做好了准备。

从一开始，基督教建筑就是国际性的。上帝的居所并不属于任何一个特定的地方。上帝出现在所有拯救计划显现的地方。同样的空间母题因此出现在每一座教堂中，以反映基督教关于世界空间性的总体图像。这种空间母题首先出现在罗马拉特兰宫中的圣约翰教堂之中，它是在君士坦丁大帝313年颁布政令之后建设的第一个重要的巴西利卡教堂，教堂最初是为拯救者基督而建的。教堂平面很像是罗马神圣宫殿中引向帝王宝座的列柱街道。[88]像帝王一样，基督出现在具有象征意义的空间轴线序列的末端。然而，早期基督教建筑也发展了另一种空间母题：呈静态集中布局的圆形建筑物，布局没有任何明显的方向性。这种设计被用于洗礼堂和陵墓，从而与人的生前和死后有关。约公元335年在耶路撒冷建造的圣墓教堂因此具有深刻的意义。在教堂的布局中，纵向的巴西利卡引向耶稣遇难处和位于基督墓之上的大型圆形建筑。

在基督教建筑历史中，人们不断地对纵向和集中布局及其两者的结合作出新的诠释。东罗马帝国的主要教堂采用了集中布局。君士坦丁堡的圣索菲亚教堂约建于公元537年，设计者在巨大的圆顶的一边加上一组半圆屋顶，实现了集中布局和纵向通道的结合。拯救通道与基督在中心的母题得到了统一。在其后的世纪中，这种结合不断出现；在西罗马帝国，教堂侧重纵向布局，而东罗马帝国则发展了基督在中心的教堂。我们会因此联想到哥特主教堂的拉丁十字平面和拜占庭教堂的希腊十字布局。在一些文艺复兴的教堂中，人们再次试图结合两种母题，这种努力在罗马圣彼得教堂的最终方案中取得了最高的成就。巴洛克教堂意在全面综合通道与中心，以椭圆布局来达到设计目的。波罗米尼（Borromini）设计的圣卡洛四喷泉教堂既是纵向的，又是集中的，将存在空间的基本属性统一在一个综合的意象之中。瓜里尼（Guarini）后来把这种设计发展为"无限"的空间场，中心和轴线在其中成为搏动的有机体。在瓜里尼看来，这种有机体代表了贯通在整个生命体中的"膨胀与收缩的自发行为"。[89]中欧那些后巴洛克建筑的拥护者追随瓜里尼，将空间设计成由彼此依存的"单元"组成的复合系统，以在统一的整体中产生多种可能的图形。这就像看不见的存在空间那样，在建筑中展现自身并成形。[90]与此同时，一种内部和外部的互补关系由此产生。建筑物所提供的解释再也不是一种"意外"，而是作为存在空间生命体的一种结果。瓜里尼用基督教的思想对此做了解释："神圣的天国是一种力量，它构成内部并展示世界的片断。"[91]

基督教建筑历史阐明了空间构图的原则，展示了这些原则是如何体现在空间图形之中，以揭示存在的空间属性。在欧洲，这些图形在历史中发生了变化，尽管其基本属性是一样的。其他文化根据自身对世界的认识，选择了不同的图形。例如，伍麦叶（Umayyad）清真寺的方格网形制，从视觉上反映了沙漠中的无限"宇宙"空间。不过对所有文化来说，具体空间的基本属性和精确的空间组织都是共同的，以显现公共建筑物的说明功能。

然而，这些原则与强调"自由布局"和"流动空间"的现代建筑有什么关系呢？虽然，自由布局有意回避轴线和中心对称，但还是以方向和中心为基础的。由于是从独立家庭住房发展起来的，自由布局并没有马上就被运用在公共建筑物上。[92]对现代建筑的先锋人物来说，一种更强的秩序感似乎更为必要，弗兰克·劳埃德·赖特的早期公共建筑作品拉金大厦（1904年）和统一教堂（Unity Church，1906年）证实了这一点。轴线和中心分别重新出现在前者和后者中，尽管在这一时期，赖特的设计目标是要"打破方盒子"。在现代建筑的后来发展中，密斯·凡·德·罗重新运用了对称布局。即使在阿尔托和夏隆（Scharoun）

图 81　伍麦叶（Umayyad）清真寺，开罗

图 82　统一教堂，橡树公园，芝加哥，赖特（F.L. Wright）设计，1906 年

图 83　柏林国家博物馆，密斯（Mies van der Rohe）设计，1962 年

设计的那些呈拓扑结构的建筑中，方向和中心仍被用来限定空间和获得“图形质量”。在夏隆设计的柏林音乐厅中，完全呈自由布局的带形门厅，在忙碌的城市外部和具有中心和轴线秩序的音乐厅之间构成了一个过渡的空间。在看了音乐厅之后，荷兰建筑师兼规划师巴克马（Bakema）评论道：“我们就应当这样来建造城市”[93] 我们可以做一个有趣的推断，巴克马认识到周围空间的开敞拓扑结构和内部“公共核心”象征秩序之间的有意义的关系：音乐位居中心，以一种力量揭示了“内部世界的片断”。

形态学

公共建筑物以醒目的图形出现，以集聚和解释环境。在一本关于教堂建设的书中，鲁道夫·施瓦茨（Rudolf Schwarz）写道：“建设世界的有力图形”。[94] 我们已经看到，这些图形构成了人造形式和空间组织，展现出天地之间的基本关系和存在空间的总体结构。教堂因此是一个总体的世界意象，使居住世界更为接近人们。许多表现历史城市的作品只是描绘了环绕的城墙和其中的地标性建筑，这证实了公共建筑物在历史中所起的作用。[95] 公共建筑物因而“构成和表达”了城市，它们以自身的明确图形揭示了现实。我们对公共建筑物的形态和空间关系的讨论表明，形式和空

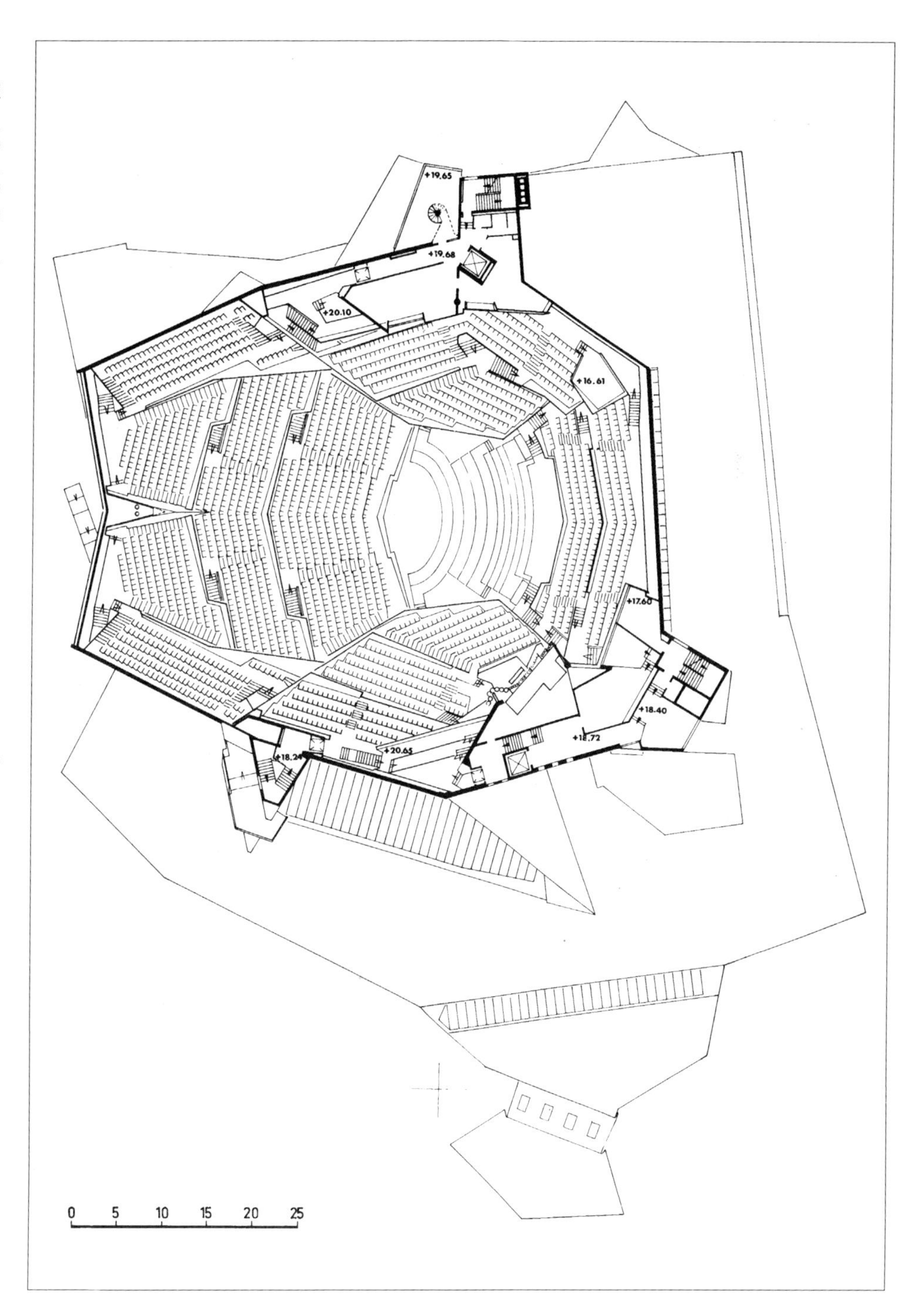

图 84　柏林爱乐音乐厅，夏隆（H.Scharoun）设计，1956 年

图 85　勒·柯布西耶绘制的草图

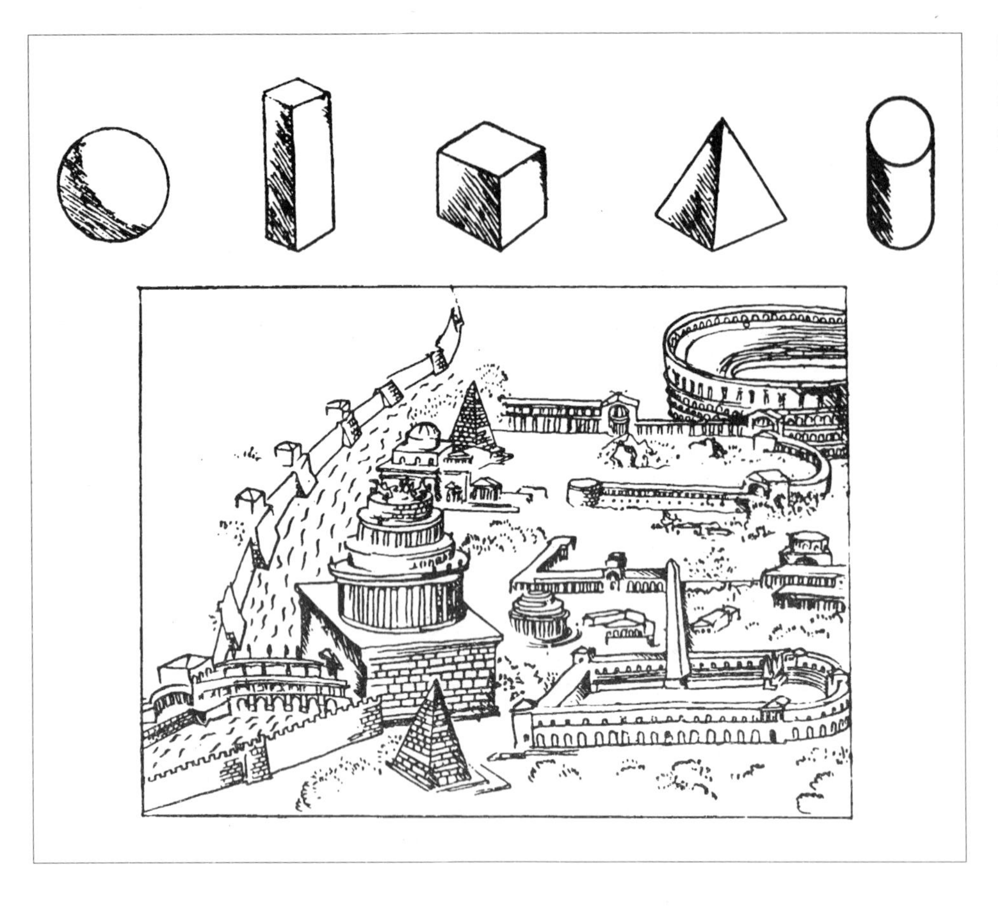

间的某些性质是确保这种作用所必需的。我们还有必要简要地讨论一下公共建筑物的普遍“图形质量”。

我们已经提到一些最具特征的类型，例如，巴西利卡和圆形建筑。这两者都是具有双重功能的形式，因为它们的内部和外部都具有“图形质量”。总体上看，它们的质量在于其空间构图上的具有等级层次的对称性，而多柱厅的单调重复并不能产生类似的有力形象。“图形质量”因此并不等于秩序，而是以对天地之间的人们生活某种清晰表达为前提条件。多柱厅只是将人们放在一个抽象的网络之中，而巴西利卡因其具体的上部和下部的区别而具有这种清晰表达。不过，这样的清晰表达还不够，许多后期现代建筑物的反复无常证实了这一点。有力且易于辨认的总体形式是必需的质量，巴西利卡和圆形建筑正具有这种质量。当勒·柯布西耶把建筑定义为“在光线下巧妙、正确和优美地展现体量”时[96]，他几乎是正确的。

说他几乎是正确的，是因为他把体量只理解为“立方体、圆锥体、球体、圆柱体和正三棱锥体”这些抽象的几何形体，而不是立于大地，举向天空的具体图形。[97]

巴西利卡和圆形建筑的“图形质量”也许可以通过添加其他有力的形象来得到增强，例如山墙和圆顶。前者是横向

图 86 圣彼得教堂中的神龛，伯尔尼尼（Bernini）设计，1624 年

和竖向之间张力的综合简化（出现在任何形式的山墙中），而后者还包括了对地平线的参照，因而构成了一体的世界意象。由于其易于辨认的形式和深刻的内容，山花和圆顶在数百年里成为人类居住环境中主要的特征形象。历史表明，山花和圆顶出现过数不清的变体，但却没有失去其基本的意义。圆顶因其内部和外部的双重功能而具有特别的意义，19 世纪末期的公共建筑物通常都冠有圆顶。然而，山花和圆顶最初被认为是神圣的形式，其在世俗建筑中的运用有时遭到了批评。[98] 圆顶与华盖或“四立柱”相关，从而被认为是存在空间基本结构的浓缩图像。在整个基督教建筑历史中，圆顶被用来表现象征性的中心。在老的圣彼得教堂中，原有的华盖立于祭坛之上，1300 年之后，伯尔尼尼（Bernini）又为教堂设计了一个巴洛克风格的壮观华盖。

在欧洲城市中，另一个具有双重功能图形的构成元素是府邸，其外部是一个封闭有力的块体，内部是一个集中的院落。由于它起源于居住建筑，我们将在下一章中讨论它的基本现象。在此要指出的是，当府邸具有公共性质时，它就应有明确和清晰的形式。

使历史城市富有特征的某些典型图形，具有只限于外部或内部的简单功能。荅楼和某些屋顶形式在外部表现为环境

图 87　世界意象的丧失：威廉帝王纪念教堂边上的建筑物，柏林，埃尔曼（E. Eiermann）设计，1957—1963 年

图 88　高山圣母教堂，朗香（Ronchamp），勒·柯布西耶设计，1953 年

图 89　统一教堂（Unitarian Church），罗切斯特，路易斯·康（L. Kahn）设计，1959 年

图 90　波特兰市政厅，波特兰，俄勒冈，格雷夫斯（M. Graves）设计，1980 年

的趣味和焦点，但它们并不说明相应内部的空间内容。与之相反的是，回廊表现为一种内翻的图形，作为一个有意义的目标，它不需要用显眼的外部来做准备。在许多城市中，我们也会看到一些从室外到室内的过渡元素，它们具有强烈的“图形质量”。门廊（列柱廊,拱廊）就是很好的例子。在意大利的一些城市中，这种门廊变成了独立形式的凉廊，其本身也成了一个公共的标记。门道也是一个常用的特征元素，它有形式上的多种变体，从古埃及的塔式门楼和古罗马的凯旋门到各种不同类型的城门。[99]

最后，我们应当提到那些附属且常常变化的基本元素，它们通常赋予聚居区域以特征。这类的外部元素首先是某些开口形式，如门廊和窗户。形式、尺寸和分布决定了它们的面貌。山墙、檐口和基座以及一些墙体处理如粗琢也属于这类元素。这些基本元素本身并不是图形，因为它们并不体现天地之间的总体关系，但它们却使居主导地位的图形与具体的现实生活联系起来。

我们在此重申，上述提到的建筑图形，是公共居住中所不可缺少的认同目标。这些图形代表了人们对世界的共同理解，同时又以有力的形象显现了这种理解。这些地标性建筑物为人们的定位提供了方便。由于公共建筑物是反映普遍价值的公共机构，它们与地形的关系不像住房与地形的关系那样密切。然而，建筑历史表明，公共建筑的类型也会随着地点而变化。塔楼，巴西利卡主立面甚至内部形象在各个城市中都不一样，尽管类型的基本质量并没有改变。值得特别注意的是，尽管不同历史时期的变化，场所精神的影响始终存在。

今天的公共建筑物

现代建筑以个别情况而不是公共意愿作为出发点。历史上那些具有象征意义的类型被抛弃了，取而代之的是功能主义的信条：形式应当“服从”功能。结果，公共建筑设计趋向简单效益，例如，将市政厅设计为办公楼，将教堂简化为会议厅。[100]

由于建筑物缺乏意义，人们往往会失去归属感和相伴关系，现代城市中缺乏会合的可能性加剧了疏远和离间的感觉。大都市中居住者的“孤独感”成为一个热点话题。

但是，人们很快就认识到现代公共建筑的缺陷。早在1944年，吉迪恩（Giedion）就写过一篇文章“对新的纪念性建筑的需求”。他在文章中写道：“纪念性建筑出自人们为其活动，命运，宗教信仰和社交活动创造标记的永恒需求”。[101] 他把重新恢复建筑的纪念性，看做继现代住房的形成和城市设计的恢复之后，现代建筑的第三步。然而在20世纪50年代和60年代，创造象征意义形式的设计活动被困陷在新表现主义的死胡同中，因为这种表现主义专注“令人兴奋”的效果而不是建筑类型的意义。尽管这个时期的有些建筑具有很高的质量，例如勒·柯布西耶的朗香（Ronchamp）教堂和夏隆的音乐厅，但新的表现主义并没有开创任何进一步发展的道路。

然而，路易斯·康的思想和作品是一个重要的转折点。康的著名问句：“建筑物想成为什么？”提出了问题。建筑物想成为某种事物，它既不是某种“形制”也不是某种结构，而是集聚世界的事物，它因而具有特性和名称。在此，康从基本存在于世的角度上，回到了“起源”。[102] 康的方法成为一整代年轻建筑师重新恢复建筑意义的出发点。从某些方面来看，他们的努力各不相同，但其共有的特征却是一种经过更新的人造形式和空间组织的“语法”概念。一种新的公共建筑出现了，迈克尔·格雷夫斯（Michael Graves）的近期作品就是证明。[103] 在这些作品中，原初的形式在新的解读和组合中重复出现，展现了一种真正图形建筑的前景。现代建筑在原则上是“非图形建筑”，把形式缩减为抽象元素的抽象排列。今天，我们需要回到“建造世界的有力图形”。

第五章　居住房屋

巴什拉（Bachelard）写道："在被抛入世界之前，人被放在住房这个摇篮中。"[104]在住房中，人开始熟悉周围的世界；他并不要选择道路和寻找目标，因为住房及其周围的世界是直接给定的。我们也可以说，住房是日常生活的发生地。日常生活反映了我们存在的连续性，因而像一个熟悉的基石支撑着我们。有了住房，我们为什么还要投身到世界之中呢？答案很简单，人们的生活目的并不能在家中找到；每一个人的角色都是人群相互作用的系统的一部分，而这种相互作用又发生在基于共享价值的普通世界之中。为了参与，我们必须离开住房，选择通路。在完成社会任务之后，我们又回到住所，以复原我们个人自身的特性。自身的特性因此是私密居住的内容。

住房集聚和显现了什么样的周围世界呢？它是简单的现象世界，与具有解释和说明功能的公共世界形成对比。从本质上来看，任何现象都被经历为气氛，是我们"情绪"或"思想"必须适应的某种质量。海德格尔说过："在存在于世的总体中，情绪在每一种情况中显现出来，它会首先指导人们对待某些事物。"[105]博尔诺（Bollnow）说过："情绪是人们了解自身生活的最简单和最原始的形式。"[106]然而，理解与情绪同在，所以一种气氛总是与认识事物相关。海德格尔说"思想状态总是包含了理解"，"而理解总是带有情绪"。[107]住房中就有这种直接和统一的情绪和理解的世界。住房中的理解因而并不是其说明意义上的，而是那种最原始的"站在其下"（standing under）和在事物之中。在住房中，人们的经历成为世界的一部分。

这是怎么实现的呢？很明显，住房必须保持和显现现象，以使现象易于理解。例如，光的质量在不同的地方是不同的，只有通过人造形式将其显现出来时，人们才能把握这种不同。路易斯·康说过："在阳光射到建筑物之前，它并不知道那是多么美妙"[108]许多建筑师都理解这一点，他们在作品中设计了窗户，以体现光线和显现场所的气氛。麦金托什（Mackintosh）于1912年在格拉斯哥城附近设计的希尔住宅中的凸窗就特别美丽，窗户中以各种带有孔眼的元素展现了丰富而微妙的苏格兰光线。

住房不仅要显现环境的氛围质量，而且也应当反映发生在其中的行为情绪。在希尔住宅中，入口大厅以着色木料的大量运用为特征，同时将壁炉紧靠入口之门。一种温暖、亲切和友好的气氛因此而产生。而起居室的设计则正好相反，设计者不仅通过上述的凸窗，而且运用色彩和釉砖来追求光线的效果，给人一种解放和节日的气氛，适合人们以轻松和兴奋的心情相聚。住宅的主卧室以和谐的私密为特征。家具上带有风格的花卉装饰给人一种微妙的生育繁殖的提示。形式在总体上更为柔和，婚床之上"天体般"的穹顶，从视觉和象征意义上统一了形式。希尔住宅在各种厅室中展现了自然和人类现象的世界。这就是住房的任务：展示住房的实在而不是实质，其实在就是材料、色彩、地貌、植被、季节、天气和光线。希尔住宅的设计表明，这种展示可以通过两种互为补充的方式取得：一是敞向周围的世界，二是在同一世界中提供私密住处。当然，在私密住处，人们并不是要忘掉外部的世界，而是要集聚对世界的记忆，并将这些记忆与日常生活中的吃饭、睡觉、聊天和娱乐活动联系起来。进一步来看，私密住处也是一个被浓缩和强调的现象，使其以"环境力量"的面貌出现。在说明壁炉作为住宅中最为重要的元素时，弗兰克·劳埃德·赖特说："看见火在住宅壁炉中燃烧时，我心里就舒服。"[109]我们也许会由此联想到，住在芝加哥的格莱斯纳一家在搬家时，把旧居的火种带入理查森在1885—1886年为其设计的新居之中。

至此我们已经说明，住房形式的基本目的，就是要发展个人的特性。当然，希尔住宅的设计也表明，住房中的生活主要是一种共享的生活。隐私生活并不是孤立，而是一种不同的会合，一

图 91　住房的养育：卡尔·拉森住宅，瑞典，1895 年

图 92　日常生活：巴里（Bari）

种私密居住的亲切会合。这种会合出自互相爱慕，而不是理解和共同意愿。爱慕是一种态度，它使人们直接理解现象成为可能。瑞士精神分析家宾斯万格(Binswanger)，把住房定义为“爱慕”发生的空间。他指出，爱慕的空间性在于“容纳”而不是“占有”。[110] 我们也许可以说，爱慕是一种基本的思想状态，它使其他所有的情绪成为可能。

住房是一个固定点，它将环境变成“居住场所”。住房集聚了经过选择的意义，这种意义就是维特根斯坦所说的“我是我的世界”。通过住宅，人们与世界成为朋友，以获得采取行动所必需的根基。作为立于环境之中的建筑形象，住房确认了人们的特性，为人们提供了安全。在进入住房内部时，人们就“到了家”。在住房中，人们发现了他们所知道和爱护的事物。我们把事物从外部带进室内并与事物一起生活，因为这些事物代表了“我们的世界”。我们在日常生活中使用它们，把它们拿在手中，享受它们给我们带来的记忆。[111] 住房内部因而具有内部性的质量，充实了我们内在的自我。当我们这样来认识私密的居住时，我们就会感受到所谓的“家庭的平和”。

形态学

住房从古时起就被认为是一个微观的世界。作为空间中的空间，它重复着

图 93　希尔住宅，海伦斯堡，起居室的凸窗，麦金托什（C.R. Mackintosh）设计，1902 年

图 94　希尔住宅，入口门厅

图 95　希尔住宅，卧室

基本的环境结构。地面是大地，顶棚是天空，墙体是环绕的地平线。地面、顶棚和墙体的词源肯定了这种解读。任何建筑作品，不管是公共建筑还是居住房屋都是世界的一种意象。它们的不同在于，前者显示了环境的总体特征，而后者则使环境直接而具体。乡土建筑展现了这一点。

从瑞士经欧洲大陆到丹麦，我们可以看到许多与地形地貌明显相关的住宅建筑。西门塔尔（Simmental）的木构农舍以大片山墙上的闪烁排窗敞向太阳和景色为特征。农舍的屋顶并不很尖，其基本特征是结实有力，紧抱大地，在山区粗野的形式中表现出一种保护和自信的感觉。在埃默河谷（Emmental）附近，圆丘取代了山区。这里的住宅屋顶也很大也比较陡，为半四坡屋顶，因此房子看上去体量很大。在阿尔卑斯山的东部和北部地区，这类屋顶形式是常见的。它们与所在空间的地形地貌的特征极为和谐。在德国西南的黑森林一带，我们可以看到第三种主要的住宅形式，德意志的独立式住宅。[112] 黑森林也是山丘地带，但其名称却表现出它与肥沃和喜悦的埃默河谷地区很不相同。这里房屋的基本特征表现出环境中的某些不祥特征。窗户和阳台上面的宽大深远的出檐，给人一种洞穴内部的感觉。在德国北部平原的下萨克森州，也有这种住宅。凡是到威斯特伐利亚和奥尔登堡或尼德兰北部旅行过的人，都会记得位于大片大型农宅中心的大片开阔的自然风光。树木环绕着长长的屋脊，看上去就像人工小山，为环境增添了一种结构。带有不同特征屋顶的南部住宅与这种形式有相像之处。然而，北部住房的木构架规则且带有明显的方向性，表现出南部住宅所缺乏的正交空间组织。事实上，这种组织结构就出现在尼德兰的环境中：田野和运河形成了方格网。当最终到达丹麦时，人们看到了尺度亲切、柔和伸展的景观。这里的住宅低矮平和，统一在缓坡和亲切的屋顶之下。

不过，住宅与环境的关系不仅仅是由总体形式和屋顶形状来确立的。材料运用、结构类型和墙体形式也表现了这种关系。在此，我们只能提一下半露木构形式中富有意义的变体：从具有法国情调的浪漫“如画”的构架到下萨克森州的规则方格网。这些不同的设计表现了非常微妙的环境变化。在此，我们也应当简单提一下半露木构的连栋房。带有山墙的连栋房，无疑是欧洲中部最富有特征且给人印象深刻的住房建筑。山墙面向街道，连续的结构加强了活泼有力的建筑形象。半露木构的城镇以统一而有变化为特征，很少有两栋同样的住宅,但所有的住宅都属于同一个“家庭”。在北部平原，住房的墙面较为简朴和平整，而德国中部山丘地区的住房形式则更活泼一些，陡峭的山墙、塔楼、凸窗构成了如画的形象。

总体上看，乡土住宅揭示了海德格尔的信条：建筑物应当“使居住环境接近人们”。乡土建筑的景观是日常生活的景观，住宅以直接和明显的方式集聚和表现了景观的特征。尽管有时住宅的显现要用“补充”（环境）的方法，但这并不一定意味着住宅“看上去”要像其周围的环境。显现主要通过屋顶形状的设计和墙体形式的处理来实现。不管怎样，表现大地的质量是最重要的，而对天空的表现则不那么直接。住宅内部往往也设计成周围环境的连续和对应。连续通常是通过自然材料的运用来实现的，家具、色彩和装饰弥补了自然环境所缺乏的东西，就像在挪威农宅中那样，丰富的花饰让人联想到夏季和繁殖，从而在心理上使人容易渡过漫长而无色彩的冬季。乡土建筑与环境密切相关，因为它所容纳的生活主要是耕种土地。人们因此自然地会问：城市和郊区住宅是否应该表现相似的关系，或是反映更为基本和私密的特征。显然，两种住宅并没有根本的不同，因为聚居区域应在整体上保持和显现“居地环境”。不过，城市住宅因是社会环境的一部分而应当更为直接地适应其周围建筑。而郊区住宅正相反，没有这种限制。阿尔伯蒂因此写道：

图 96　赖特自己的住宅，橡树公园，芝加哥，1898 年

图 97　西门塔尔（Simmental）农宅　　图 98　埃默河谷（Emmental）农宅

"……在城市，你必须调整自己，以尊重周围的邻居；而在乡村，你却有很多的自由。"所以，"城市住房的装饰应当比乡村住房的装饰更为庄重，乡村住房的装修可以相当华丽且最无拘束。"[113] 城市住房通常不止一个居住单元，因此需要对构成元素在总体上进行协调，这一事实说明了阿尔伯蒂观点的重要性。然而，这并不与显现场所现象特征的基本目标相矛盾。古代不同城市中，例如威尼斯、佛罗伦萨、锡耶纳、罗马和那不勒斯的城市住房是各不相同的，它们明显地反映了不同的给定环境，尽管它们形态上的特征是基本相同的。[114]

在大型的城市住房中，如意大利的府邸，我们可以看到墙体的处理，特别是开口的形式，尺寸和分布，顶部的结束处理，材料和色彩，这些都用来显现环境的特征，使建筑物与居住环境相关。[115] 城市住房比乡土建筑更为重视与天空的关系，而与大地的关系则不那么明显。所以，城市住房成为聚居区域对天地关系总体解读的一部分，这种解读体现了聚居区域的特征。在城市住房中，隐私生活很自然地与乡村住宅中的意义不同。它暗示着创造一个内部的领域来集聚对遥远环境的记忆。从古代起，院落就是私密住宅这个内部世界的核心。在文艺复兴和巴洛克的府邸中，院落形象的设计反映出与住房相应

图 99　下萨克森州的农宅

图 100　希尔德斯海姆城中的屠宰业行会大厦，1529 年建，1945 年毁

图 101　联体三栋房，达姆施塔特（Darmstadt），奥尔布里奇（J.M. Olbrich）设计，1903 年建，1944 年毁

的文明环境。罗马的法尔尼斯府邸建于1517年左右，其中的院落就是一个辉煌的例子。古典柱式的叠加表现出自然和人类的本质。这种带有半公共性质的设计反映了它所隶属的相互关联的社会体系。

郊区住房的重要时代始于19世纪[116]，在许多国家中这种时代还在延续。就总体而言，我们也许可以说，郊区住房的形式令人想到了乡土建筑和更为“文明”的城市住宅。形式因此集聚了由自然特征和状况构成的复合世界：城市会合的记忆和“美好生活”的梦想。多重内容的表现很容易产生对建筑母题的表面摆弄，就像在19世纪后期出现的历史主义那样。如果从人在天地之间存在的角度来理解和表现内容的话，就会产生极富诗意的作品，例如，麦金托什设计的希尔住宅，同时代出现的由沙里宁于1902年在赫尔辛基附近设计的维特拉斯克住宅，贝雷斯（Behrens）于1901年在达姆施塔特（Darmstadt）为自己设计的住宅[117]，霍夫曼（Hoffmann）于1905年在布鲁塞尔设计的交易大厅。奥尔布里奇（Olbrich）于1903年在达姆施塔特设计的一组住宅是一个特别有趣的实例。住宅由三栋住宅单元构成，每个单元因不同的“典型”山墙而获得各自的特征：拥抱式、平衡式、尖顶式。住宅形式的现象学属性在此显现出来。

弗兰克·劳埃德·赖特为郊区住宅提供了新的诠释。进一步来看，赖特把人们的注意力带回到住房作为出发点和容纳隐私生活的基本属性。他设计的布局和环境相互作用，同时又创造了安全和舒适的内部世界。他认为，住宅是“开敞环境中的宽大庇护所”。[118] 为了达到这一目的，他运用了与大地平行的平面，使建筑物从属于大地，同时又在必要的地方运用竖向元素指示方向和固定建筑物。住宅的核心总是宽大挺拔的烟囱，火“在房中壁炉深处燃烧”。

我们因此可以理解，赖特要“打破方盒子”并不违背住宅的思想，而是要创造我们时代的真正的私密住宅。

空间关系学

由于日常生活中的不同功能，住宅中的通路和目标形制比公共建筑物中的更为复杂。住宅因此不那么“拘泥于形式”，尽管它构成了空间的有机体。我们再次可以看到，有三个基本组织方式决定了可能的形式。在整个历史中，集中布局和轴线组织被令人信服地用于住宅结构，而简单组团作为第三种选择并不常见。集中布局的住宅无疑起源于近东和地中海国家的院落住宅。[119] 这种形式一直延续至今，出现在低层的独户住宅和多层的公寓之中。在院落住宅中，中心是共有的“社交”空间，它集聚了四周各种功能的房间。在多数情况下，布局并不是那么严格对称，而只是达到基本的围合感。庞贝城的明厅住宅代表了院落住宅的巅峰。在《走向新建筑》一书中，勒·柯布西耶认识到了这种住宅的意义：“小小的过厅让你不再想到街上的事情。然后是明厅，中间的四根柱子向上直冲屋顶所产生的阴影，给人以力量的感觉，使人看到了强力的方法；透过明厅，可以看到尽端美丽的花园，明厅以奔放的手法铺开并突出了来自花园的光线，光线充分地从左边伸展到右边，形成了一个感人的空间。在明厅和花园之间是一过渡空间，它像照相机的镜头那样缩小了景色。明厅两侧是两小块暗部空间。离开喧嚣繁忙和充满事件的街道，你进入了一个古罗马的住宅。”[120]

北欧的中厅式住宅与院落住宅类似，中心是由顶棚复顶的公共房间。起源于中世纪的这种设计，显然取决于气候条件和家庭生活空间的需要。B·斯科特（Baillie Scott）因此写道：“（中厅）……是家庭相聚的房间，一个带有宽大壁炉和开敞空间的家庭聚会空间……不管是叫中厅，房间，或起居室，它都是住房中一个必需的中心。”[121] 房子中的其他房间“都从属于这个中心主导房间，有时一些从属房间还是中心空间周围的凹室。”[122] 在大盒子中布置成组独立的小盒子是当时住宅设计中常见的，而B·斯

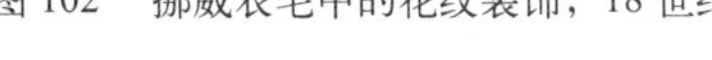

图 102　挪威农宅中的花纹装饰，18 世纪

图 103　法尔尼斯（Farnese）府邸，罗马，约 1517 年

图 104　芝加哥的罗比（Robie）住宅，赖特设计，1908 年

图 105　斯托克赛（Stokesay）城堡大厅，英国，约 1300 年

科特在此主张的是另一种设计方法。他的想法与弗兰克·劳埃德·赖特的设计相互联系。两位建筑师不仅反对“盒子”，而且也将高两层的公共房间设计为住房的空间趣味中心。再进一步看，他们都强调壁炉作为内部核心的重要性。B·斯科特写道：“……一个温暖但没有炉火的房子就好像夏天没有太阳那样”。[123] 两人所不同的是，赖特让房间向周围敞开，以满足住房的另一个基本目的：集聚环境现象。为达到这一目的，他把“集中式”空间与一组活跃的方向结合起来。

历史上出现过许多定向布局的住宅。在带有中厅的小型住宅中，方向只是简单的轴线对称，而在大型住房中则表现为中部过道加上两侧房间。过道通常引向一个目标，或是主要房间，或是阳台。我们可以在乡村住宅和郊区别墅中看到这种基本布局。有时运动的方向与住房的方向一致，如下萨克森州的独户住宅。不过，轴线通常横贯主要部分，将住房两边联系起来。这种设计出现在巴洛克的别墅和花园宫殿中，轴线将城市院落与另一边的花园相接，并常常将一大楼梯和底层大厅组织在轴线贯穿的整体之中。最近，一些后现代建筑师复活了这种定向布局。[124]

尽管住宅的空间组织没有必要像公共建筑那样系统，但它却应有鲜明的“图形质量”。院落、厅堂、通道、游廊（门

图 106　中厅设计方案，斯科特（Baillie Scott）设计，约 1900 年

廊）是使住宅空间成为生活空间的独有图形。私密住房因而不是让人退转到无形的地方，而是提供限定明确和易于识别的舞台。莫尔（Moore）、艾伦（Allen）和林登（Lyndon）在《住宅空间》（The Place of Houses）一书中写道："房间这个舞台由其边界固定；位于空间焦点的舞台因光线而富有生气，因户外景色而获得自由"。[125]

现代建筑中对住宅建筑类型的发展作出了很大贡献。赖特的设计"打破了方盒子"，其"自由布局"突破了以过道和封闭厅室作为通路和目标的常规手法。他的设计意图是要使空间成为一个没有明确界定区域的"流动连续体"，使人们在现代开敞的世界中有在家的感觉。[126] 莫霍伊－纳吉（Moholy-Nagy）指出："住宅不应当是空间中的隐居之地，而是空间中的生活。"[127] 所以，赖特创造了离心布局，反映了对庇护所概念的全新解释。住宅不是隐居地，而是空间中的一个固定点，人们从中可以获得一种新的自由和参与的体验。这个固定点以宽大的壁炉为标记。赖特对住宅的重新解读是现代建筑历史中最有意义的成就之一。斯卡利（Scully）说过："在自由设计的全部发展背后，有一种坚定的信仰：人们的生活应当自由地与自然密切接触，以实现自身的潜能，""结果，美国产生了最有创意的纪念碑，人们在

图 107　银婚住宅，庞贝

图 108　在布拉格的阿梅里卡（Amerika）别墅中的三合院，丁岑霍费尔（K.I. Dientzenhofer）设计，1717 年

图 109　自由布局：位于布尔诺的图根德哈特（Tugendhat）住宅，密斯设计，1929—1930 年

个人的住所中发现了他们最终所期望看到的纪念碑。”[128] 然而，在其后的发展中，自由布局降格为一种在总体上无法认知的开敞性，带给人们的是陌生而不是自由。因此，我们认识到一种对空间图形的永恒需要，因为它可以告诉我们身处的环境。

类型学

由于日常生活的多种方式和无数不同的地方条件，住房的类型比公共建筑要复杂得多。我们都知道，住房类型的确存在。人们只要在欧洲地区旅行一下就足以知道了。在此，我们只讨论一下在历史上反复出现的重要实例。

在古罗马时期，有两类居住建筑在建筑历史中扮演了重要的角色，明厅或柱厅住宅（domus）和城市出租公寓（insula）。[129] 前者是在南欧出现的别墅和郊区住宅的原型，后者是大多数西方城市街区的基础。这两类住宅都有院落，具有鲜明的图形空间质量。然而，明厅住房从外部并不易于辨别。在地中海国家的城市环境中，这种个性不显的单体住宅是很典型的，从认同的角度来看，这儿的“家”从来就不像在寒冷北部的住房那样重要。常言所说的“我的家就是我的城堡”并不适用于意大利，因为那里的私人住宅从属于广场上的社会生活。在意大利，我们所说的“日常生活”

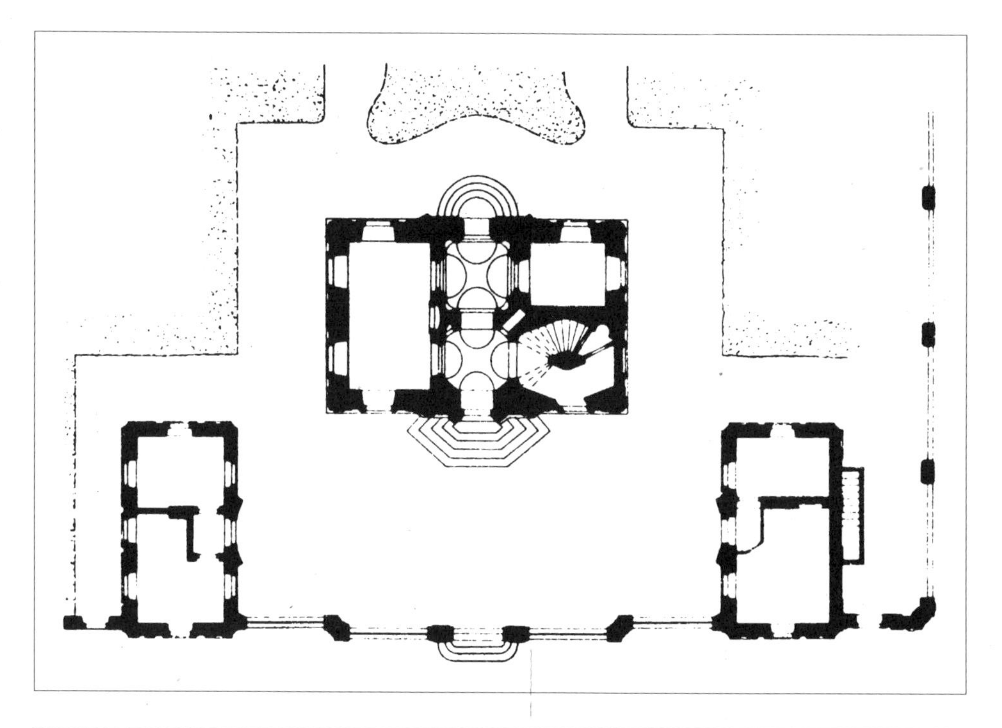

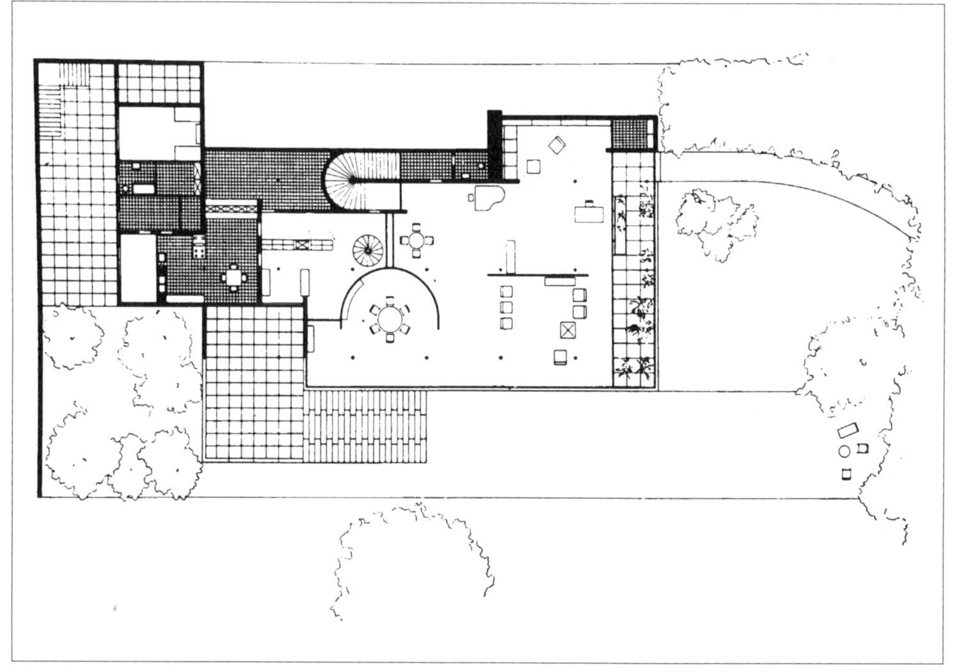

图 110　古罗马公寓：奥斯蒂亚

图 111　表现原始北欧住宅的绘画：弗里德里希（C.D. Friedrich）作，1818—1820 年

图 112　新精神馆，勒·柯布西耶，1925 年建，1977 年在博洛尼亚（Bologna）重建

图 113　在费城的 V·文丘里住宅，文丘里（R.Venturi）设计，1962 年

发生在户外，某种级别的住宅则代表了半公共空间。主要内部空间（明厅、院落、客厅）的正规布局和府邸主要立面的对称秩序都证明了这一点。这两种住宅都可以让人们退避，以满足人们躲避繁忙街道交通噪声的需要。

在中世纪，有另外两类重要的住宅在中欧和西欧得到了发展：厅房和列房。总体上看，两种住宅都以山墙结构为其在环境中的独特图形。陡坡屋顶决定了这种带有北欧风格的住宅的基本形象。这种形式的起源最有意义，它展示了住房的意义是如何超越了单纯功用的目的。带有山墙的住宅来自一种简单的梁柱结构，其原始形式由两根柱子撑着一根屋脊梁，屋顶由此梁向两侧坡向地面。带柱的山墙端面使结构获得了名称，或者说，使其作为人造形式的面貌获得了名称。J·特里尔（Jost Trier）的研究表明，这种简单结构被认为是世界的模型。也就是说，住房成为理解世界的一种工具，其结构伸展在天地之间。“山墙表明住房是怎样征服天空的。屋脊是天体轴线……山墙的两端是天篙（heavenly poles）……柱子就好像是支撑世界的柱子，”[130] 世界因而被理解为一座人造的，有序的且表现清晰的大房子。住房帮助人们不仅居住在房子里，而且居住在整个世界中。然而，值得强调的是，住房的这种功能并不与公共建筑具有的说明

功能相对应。公共建筑物把一复合的整体集聚成一种概括的象征物，而住房则是对世界的具体复制，表现了直接给定的环境。可以肯定，居住房屋和公共建筑有着共同的起源，都来自人们对存在基石的根本需求。在住房中，人们对世界理解的最初形式被保留下来，而公共建筑则代表了对这种理解更高层次的概括。

居住房屋与其周围的给定条件关系密切，成为人们总体生活环境中的一个构成元素，因而表现出某种情绪。住房所诉说的是“生活”，而公共建筑则表现“思想”。基本类型的住宅重复出现构成了支撑人们日常生活的伸展基地。不过，重复的方式并不是机械的，而是我们所说的“主题与变奏”。居住建筑的设计总是基于这个原则。在住房群体中，图形出现，消失，再出现，如同音乐中多重音的主题那样，反映了暂逝和重现的现象。

我们对南部和北部的基本住宅类型的讨论表明，不同地点的建筑主题是不一样的。在“古典”的南部，周围的环境就像是人造的那样有序，人们并不需要富有结构的住宅来帮忙建立秩序。“中性”和表现体量的南部住宅因此只是为人们提供了永久的“这里”。结果，由住房群体所形成的基本背景衬托出独特鲜明的公共建筑物，揭示了给定秩序的属性。而“浪漫”的北部则正好相反，因为那里的环境复杂多变，以多重难以理解的微妙细节为特征。为了理解这种世界，公共建筑的概括解释显然不够，人们还需一种能为日常生活提供安全保障的形象。也就是说，人们所需要的住房既是庇护所，同时又敞向世界。所以，住房群体获得了重要的地位，而公共建筑则以最有意义的变体形象表达出共同的主题，而不是以单个的雄伟形象出现。中世纪时期的西欧和中欧城市中的尖顶山墙和教堂尖顶群体证明了这一点。

我们的旅行在住宅中结束。我们体验了自然环境的力量和形式，完成了从外部到达聚居区域的过程，我们为城市空间所提供的会合和可能性而兴奋。我们发现了公共建筑物的主要立面，它们邀请我们步入其中。在接受了建筑内部所作出的说明和解释之后，我们获得了共享世界的根基。然后，我们退避到居住房屋中，世界在住房中直接表现出来。当然，住房的世界仍不同于外部的世界。住房体现了人们对外部所给定的环境的理解和经历。住房因而使居住环境更为接近人们，成为人们下一次旅行的出发地。

今天的居住房屋

现代建筑运动以创造新型居住房屋为其出发点。吉迪恩在1929年写道：“目前的建筑发展无疑是着重居住建筑，特别是普通人的住房……今天，工厂和公共建筑物都没有那么重要。这表明，我们再次关注人”。[131] 早在1925年巴黎的装饰艺术国际博览会上，勒·柯布西耶展出了他设计的公寓，他称之为新精神馆。他并没有用雄伟的设计，而是用普通人的住所来显示现代的“精神”。我们也许还记得他说过：“人们的居住条件很差，这正是目前发生巨变的深刻且真正的原因。”[132] 我们已经提到过弗兰克·劳埃德·赖特在设计新型住宅方面所做的开创性努力。1910年，他的住宅作品在德国发表，成为欧洲建筑师设计灵感的主要源泉。在20世纪20年代和30年代，现代住宅和公寓得到了发展，对改善人们的居住条件无疑作出了重大贡献。[133]

但是，现代住房仍然不能完全满足私密居住的需求。简单地说，它所缺乏的正是我们所说的“图形质量”。现代住房肯定是适用和卫生的，但看上去不像住房。事实上，现代住房所关心的只是“空间中的生活”而不是“生活的形象”。当很多现代住房出现时，人们便感到了这方面的欠缺，从而开始了对“有意义”的形式的追求。我们应当在这种背景下来理解罗伯特·文丘里的建筑作品。他在作品中引入了山墙、拱券等“传统”元素，意在为住宅提供“塔楼”，“花园亭子”，或是“世界上的阳台”等特征。

图 114　约翰逊住宅，海滨平房，MLTW 事务所设计，1965 年

保罗·戈德伯格（Paul Goldberger）对卡尔·塔克（Carl Tucker）住宅有如下一段描述："如果说核桃山住宅是儿童思维中的两维住房，那么这里的住宅形象扩展到三维，人们在此可以感觉到住房是一个高大木构物体，坐落在半乡村的茂盛树丛之中。"[134]

然而，"图形质量"的问题并不单纯是一个视觉形象的问题。它与人们对容纳日常生活场所的需求有关。C·莫尔、G·艾伦和D·林登对这个问题的研究出现在他们合著的《住宅空间》一书中，出现在他们与威廉·特恩布尔（William Turnbull）和理查德·惠特克（Richard Whitaker）合作的许多住宅作品中。在这些作品中，他们对住宅的空间图形进行了新的诠释，周边加上去的"鞍袋般"的房间表现出一种离心的运动，而中心则通过"宝顶"或"四柱构架"的设计来强调。在总体开敞空间中放置的那些带孔的竖向"管道"限定了相互渗透的区域。[135] 这些实例表明，建筑师们正在努力重新征服"图形质量"，把这里和现在与那里和将来联系起来。事实上，在许多后现代作品中，我们可以看到住房的原型，欣赏它们所带来的展现新图形的众多可能性。

第六章　语言

语言是四种居住形式的共同特性。海德格尔说过："语言是存在的住所"[136]，他这话的意思是，语言包含了所有的实在。这是什么意思呢？"住所"一词在此有什么含义呢？它意味着所有存在的东西都是通过语言来知道的，所有的东西都被保留在语言中。事物和语言是同时给定的。我们都有过遇见某事和某人但却不知其名称或名字的奇怪经历。正是名称构成了世界中被觉察到的部分，从而成为有意义的知觉对象。"在命名的过程中，事物的事物性被揭示出来。"语言因此是存在的"住所"。作为情感和理解，人们的存在于世取决于语言，用海德格尔的话来说，就是"从存在的意义上看，述说与理解和思想状态具有同样的原初意义。"[137]没有语言，世界就无从表达，世界就贮藏在语言之中。当人们述说时，语言中所存有的东西就会显现出来。在述说中，人们揭示了事物，而不是表达"自己"。所以，海德格尔说："语言述说，……而人们的述说只是对语言的回应。"[138]

目前语言学的理论把语言看做一种习惯的符号和"译码"[139]，而海德格尔对语言的理解则根本不同于这种理论。这种理论抽去语言的存在基础，将其缩减为一种武断的"由文化所决定的构成物"，用来交流而不是揭示。显然，语言的确是一种交流工具，具有历史的尺度；然而这并不能说明语言作为"存在住所"的根本属性。根据海德格尔的定义，述说是"用词句"将真理表达出来，在古希腊开敞的概念中，真理是敞开的，同时又是遮蔽的。也就是说，当事物的某些方面被揭示出来时，事物的其他方面仍然没有显现出来。我们不可能拥有全部的真理，而只能在某些时候揭示真理的某些方面。这个过程决不会停止，其所发生的方式肯定是由文化来决定的。然而，它是在"存在住所"中发生的。住所总是作为启示出现的永恒基础。在述说时，人们建立了这个基础，同时将短暂的和留存的联系起来，为语言自身提供衡量的"尺度"。[140]

那么，人们是怎样进行述说的呢？海德格尔说"诗歌用形象述说""诗歌让我们真正居住下来。"[141]这就是说，在述说时，人们创造了揭示世界的图形，提供了存在的根基。这些形象敞开了事物作为构成"相互反射"这个世界中相互联系部分的属性。"地，天，神，人……各自以自身的方式反射其他要素的存在……这种反射并不描绘其相似性，而是照亮了四重要素，并使它们在一种简单的隶属关系中恰当地显现自身。这种恰当的反射使四重要素自由地各显其性，同时也把这些本质相互联系的自由要素的纯真属性结合在一起。"[142]所以"诗人把天空的所有光明，把每一种声音和微风都变成歌词，使它们闪亮和鸣响。诗人，如果他是一个诗人，就不会只描述天空和大地的面貌。诗人从天空中看到，正是天空的自我开敞产生了其遮蔽自身的面貌，天空确实遮蔽了自身。"[143]形象因而使不可见的东西显现出来，让人们居住下来。这里所说的是，诗歌是述说的本真方式，语言的其他表达方式只有通过诗一般的理解才有可能。"诗歌从来就不仅是日常语言的高级形式，恰恰相反，日常语言是被遗忘和耗尽的诗歌。"[144]

不用说，语言是共享的。作为"存在的住所"，语言不是由个人发明的，而是作为共同世界的一部分。因此，语言不仅帮助人们从属于大地，而且也帮助人们互相从属。存在于世总是与他人的共同存在。[145]共享世界不只是一个此时此地的问题，也是一个共同基础的问题。

建筑语言

为了理解建筑语言，我们有必要来了解一下语言的一般属性。建筑怎么会是一种语言呢？显然，建筑物并不指示事物，它们也不是言语，它们是不是"符号"也值得怀疑。[146]但是，建筑物会述说。总有那些细心倾听的人们已经注意到了建筑作品的"述说"。B· 斯科特写道："很少有事情像建造者的神奇艺术那样不可思议，""他把石头放在一定的位置上——以一定的方式修琢它们，然后注视起来，它们开始用自己的方式述说——一种它们自身的语言，其意义

图 115　石头的沉重分量：位于罗马的特里布拉利（Tribunali）府邸，伯拉孟特设计，1512 年

图 116　“古希腊神庙并不描绘什么……它只是站立在那儿。”

太深以致无法用言语表达。”[147] 当这种情形发生时，真理并不是“用言语表达出来”，而是“体现在作品之中。”对于人们来说，仅仅“述说”事物是不够的，他们还要在具体的形象中保留和显现事物，以帮助人们看到真实的环境。海德格尔明确地把建筑与绘画、雕塑和音乐同列为一种在“本质上为诗歌的艺术。”从总体上看，“艺术是在作品中体现真理”。[148] 当“诗意的表现”“以图形（格式塔）出现在作品中时”，这种情况就产生了。“图形是一种结构，裂隙（rift）在其形状中构成并表现了自身。”[149]“裂隙”一词是指事物与世界之间的裂隙，即存在物与存在之间的裂隙。在构成“裂隙”的过程中，事物得以阐明，世界得以揭示。“图形”一词并不指抽象的形状，而是一种实在的体现。“裂隙必须把自身置回到石头吸引的沉重、木头缄默的坚固、色彩幽深的热烈之中。”[150] 一般来看，体现发生在事物之中，或“物质”之中，海德格尔在此将物质视为世界的对立面。体现在作品中因此成了“世界与物质之间的争斗”，世界提供了“度量”的尺度，而物质则成为图形的“边界”。

为了说明自己的艺术观点，海德格尔引用了建筑的例子。“作为建筑物，古希腊的神庙并不描绘什么。它只是简单地站立在裂岩的谷地之中。建筑物围合了神灵，在这种遮蔽中，神庙通过开敞

图 117　位于切尔韦泰里（Cerveteri）的伊特鲁里亚人（Etruscan）墓前的建筑图形

图 118 “木头的无声撑力”，挪威农宅，18 世纪

的柱廊突显在圣地之中……然而神庙和周围圣地并没有消失为一种不确定的状态。神庙的各个部分组合适当，同时又在其周围集聚了道路和关系的统一体。在这统一体中，生命与死亡，祈福与灾难，胜利与耻辱，坚持与放弃形成了人们命运的构架……站立在那儿，神庙立靠在岩基之上。这种立靠展示了岩石的粗拙和支撑的神秘。站立在那儿，神庙稳住根基，经受住了来自上部的狂风暴雨，首次表现出风暴的凶猛。石头的光泽和闪烁尽管明显是太阳的恩赐，但却首次显示了白天的光亮，天空的宽广，夜晚的黑暗。神庙的坚定耸立显现了其周围的无形气体空间。站立在那儿，神庙展开了一个世界，同时将这个世界又带回以自然面貌出现的大地……站立在那儿，神庙第一次展示了事物的面貌，展示了人们对自身的看法。”[151]

这段话告诉了我们什么？首先，海德格尔指出，作为艺术品的建筑并不描绘任何东西，而是使某些事物显现出来。接着，他说出了某些事物是什么。第一，庙宇显现了神灵。其次，它把构成人们命运的东西恰当地组合在一起。神庙使大地上的所有事物显现出来：岩石，海洋，空气，植被，动物，甚至白天的日光和晚间的黑暗。在显现的过程中，神庙“展开了一个世界并把它带回大地之上。”建筑因而把真理体现在作品之中。那么，这

图 119　天地之间的柱子：第二座赫拉神庙，帕埃斯图姆（Paestum），公元前 5 世纪

图 120　构图：罗马的大斗兽场，86 年

图 121　“古希腊神庙并不描绘什么……”

是怎样完成的呢？在描述神庙的作用时，海德格尔重复了四次建筑物“站立在那儿”。这几个字都很重要。神庙并不是站立在任何一个地方，而是站立在那儿，“在裂岩的谷地之中。”裂岩的谷地这词肯定不是一种装饰，而是表明神庙建在一处特别令人注目的地方。通过建筑的手段，地方得以延伸和定界，形成一个神圣的地区。换句话说，建筑物揭示了地方的意义。海德格尔并没有明说神庙是如何表现人们命运的，而只是间接地提到这种表现是通过神的住所来完成的，因为人们的命运与地方密切相关。最后，大地的显现是通过神庙的站立来实现的。神庙立于大地之上，耸向天空。神庙因此显示出事物的面貌。总体而言，神庙并不是被添加到地方上的陌生东西，而是站立在那儿，第一次使地方显现出其面貌。诗歌和艺术品的共同点就在于它们表现了形象，用我们的术语来讲，就是它们的“图形质量”。一件作品另外也是一个物品，而这样的物品并不具有“图形质量”。它以自身的方式集聚了四重要素，然而其事物性却被掩藏起来，必须通过作品来揭示。海德格尔以梵高的绘画作品《农夫的一双鞋》为例，说明了作品是怎样揭示出鞋子的事物性的。鞋子本身并不会说话，但艺术作品为它说了话。作品因而显现了关于鞋子的世界。

按照海德格尔的论述，我们已经把世界定义为由建筑作品所展现出来的令人熟知或“居住”的环境。我们也已经指出，这种环境的空间性可以从容纳和实在体现两个方面来理解。一个居住地具有容纳四重要素的空间，同时作为人造物，它也展现了四重要素。显然，一个建筑作品并不能展现整个世界，而只能展现它的某些方面。这些方面包含在空间性的概念之中。空间性是一个具体的术语，是指构成居住环境的事物范围。前述的古希腊神庙事实上以在裂岩谷地的形象开始，后来又涉及大地和天空中的若干具体元素。这个例子同时也表明，环境不能与人们的生活和神灵分开。所以，居住环境是四重要素的体现，通过将其带近人们生活的建筑物显现出来。我们也可以说，居住环境说明了四重要素的空间性。这种空间性在大地和天空之间展现为一种特别事物即场所。建筑作品因此不是抽象的空间组织。它是一个具体图形，其平面反映所容纳的内容，立面表现出实在的体现。它因此把居住环境带近人们，让人们诗一般地居住下来，这就是建筑的最终目的。

在前面的四章中，我们讨论了形态学、空间结构学和类型学，我们还应当总结一下有关建筑语言研究的某些成果来作为结束。

形态学

我们知道，人造形式的意义体现在其站立，升起和开口的形式之中，体现在它立于天地之间的形象之中。通过这种形象，建筑集聚和具化了一个世界。具化就产生在限定生活空间的边界之中，而边界主要是墙体。我们因此讨论了聚居区域、城市空间、公共建筑、居住房屋中的墙体并且发现这些墙体各有一定的特征。城墙主要以剪影形式出现，街区的墙体表现为某种建筑主题的重复与变化，公共建筑的立面则突出引人注目的秩序，而住房的墙体则不那么拘泥于形式，传达出特别的“在此地”的信息。我们也提地面和顶棚（屋顶）对建筑形式的限定作用。在乡土建筑中，屋顶呼应了环境的形式，而公共建筑的屋顶则是象征性的地标，例如圆顶。[152]

墙体实际上由元素构成。它通常由多少有所区别的楼层组成。这种区别是通过柱子、额枋、拱券、窗户、基座和檐口这些附属元素的设计来实现的。这些元素结合在一起，构成了人造图形。那么，图形和元素在此有什么区别呢？图形是集聚大地和天空的一种形式。“古典”宫殿中高三层的墙面可以用来说明这点。底层应当表现出对大地的接近，即以结实和闭合的形象出现，同时又要表现入口这个与外部世界的联系。巨石壁柱和粗短拱券的结合解决了这种双重且有些矛盾的功能。理查森和沙利文的建筑作品就是突出的例子。[153] 顶层则正相反，应当表现得接近天空，同时也供

图 122　锁石和粗琢：位于伦敦的圣玛丽亚教堂，霍克斯莫尔（N.Hawksmoor）设计，1717 年

图 123　有等级的构图：位于曼图亚（Mantua）的戴尔特（del Te）府邸，罗马诺（G.Romano）设计，1526 年

人们欣赏全景，所以顶层通常被设计为轻快开敞的凉廊或观景空间。最后，在底层和顶层之间的主层是人们进行交往的地方，所以拟人化的柱子和壁柱或由古典元素环绕的窗户成了主层的特征。墙体作为一个整体，将天地之间的情况显现出来。然而，任何单一的楼层和基座，带形槽缝和檐座这些转折元素都不是图形。它们是与上下相关的“元素”，只有在整体“构图”中才能获得完整的意义。柱子是图形，它在把天地分开的同时又把它们联系起来。但柱础和柱头就不是图形。柱头如果离开其上下的元素，它与天地的关系就不完全。檐壁主要从属大地，而山花则联系天地，因而具有“图形质量”。某种元素也许有时会因其特征形式而成为准图形，它会使人们想到它所从属的整体。锁石就是一个很好的例子。

元素的构图通常取决于综合的“视野”即决定设计的想象图形。构图也遵循一些基本原则，这些原则反过来又取决于存在空间的结构。首先，任何构图都要考虑竖向与横向的差别，以节奏和张力，或简单地说，以比例来构成图形。墙体因而可以“诉说”与之相关的生活：它在水平方向上容纳活动，在竖直方向上体现特征。其次，构图应当有等级，因为任何情况都由主导和从属元素构成。因此，主要入口就比排窗中的一扇重要，

图 124 构图缺少等级：位于罗马的朱斯蒂齐亚（Giustizia）府邸，卡尔代里尼（G. Calderini）设计，约 1888 年

柱式就比衬托的背景更为重要。在 19 世纪末期这个历史时期所出现的许多建筑之所以让人困惑，其中的一个原因就是，建筑上所有的部分都显得同等重要。[154] 第三，构图应当具有结构特性，这种结构可以是真实的，也可以是虚构的。[155] 构成应当表现厚实或骨架，或是两者的结合。人造形式总有一个结构的“基础”，从而可以表现上下之间的关系即表现重力。事实上，在建筑历史中，总有形式和技术上的对应，尽管后者常常并不真实。在此，我们也许会想到塞利奥（Serlio），他称厚实的粗琢为自然的作品，称古典构架为人工的作品。这两种基本的建筑类型揭示了世界的不同方面。

我们对聚居区域、城市空间、建筑物和居住房屋的边界讨论表明，墙体的构图表达了其所要“从属”的整体。因此，在聚居区域的不同部分中，我们找不到直接的相似性。然而，它们或多或少同属于一个“家族”。这表明，在天地之间的某种存在方式可以用更为普遍或更为特别的术语来表达。例如，在布拉格，“所有”建筑物都表现出既拥抱大地又向上升腾的特征。在住房中，这种双重特征通过厚实的底部和带有气窗的美丽屋顶表现出来；在公共建筑也就是教堂中，这种特征表现得相当强烈：紧靠大地的横向粗琢槽缝与极富想象力的升向空中的尖顶。[156] 聚居区域因而看上去像是虽

图 125　非真实的结构：位于普拉托（Prato）的圣玛丽亚教堂，桑迦洛（G.da Sangallo），1484 年

有差别但却是一个统一的整体，人们对地方的认同成为一个连续的生命过程。这样的地方特征常常反映出地方的乡土建筑，印证了海德格尔的论点："方言是任何一种成熟语言的神秘源泉。"[157]

将聚居区域不同部分统一起来的基本特征，构成了地方的"风格"。不过，除了这种具有局限性的风格之外，建筑语言也构成了普遍的风格。在建筑历史中，这种风格从一个地方流传到另一个地方，在"各处"都适用。最为突出的例子就是古典语言，它不仅被融合进许多地方建筑之中，而且其生命力一直延续至今。产生这种现象的原因很清楚：古典柱式不仅展示了自然和人类的基本特征，而且将两者带入一种有意义的关系之中。[158] 所以，古典建筑稍加改动，便能适应各地的不同条件。古典建筑的成功也在于其自身是一个"完整"的体系，它既包括了建筑物的所有基本部分，又含有可以重新组合且表现出特征的通用元素。事实上，建筑历史展示了古典语言的无穷可能性，从古代经文艺复兴和巴洛克，一直到过去两百年中的各种新古典潮流。

总体来看，建筑语言赋予人造形式以"图形质量"。"图形质量"并不在于激动人心的创新，而是在于对天地之间基本关系的表现。我们可以看到四种这样的基本关系。第一，人造形式可以通

图 126　芝加哥的礼堂建筑，艾德勒（Adler）和沙利文（Sullivan）设计，1887 年

图 127 “自然的作品，人工的作品”：位于罗马的蒙泰奇托里奥（Montecitorio）府邸，伯尔尼尼设计，1650 年

图 128 布拉格街景和圣尼古拉斯教堂，丁岑霍费尔设计，1739—1751 年

过明确限定的元素来同时接近大地和天空。这是古典的设计手法，古希腊神庙的基座和檐口就是很好的例子。第二，建筑在上部和下部都以“自由”的形式结束。这是浪漫的设计手法，例如许多中世纪的城堡和现代的“有机”建筑作品。第三，形式有一个明确的基础，但举向天空的结束部分却是自由的。布拉格的特征建筑和伍重的“平台”建筑就是这方面的例子。第四，形式从大地上自由生长而出，但却有一个简洁和竖直的结束部分。实例有北欧国家中的“浪漫古典主义”和一些现代建筑如勒·柯布西耶设计的拉托莱特修道院。在所有的四种情况中，人成为具有意义的图形母题一部分，这种图形母题勾画出在天地之间存在的方式。

普遍来看，人造形式应当与经过组织的空间结合起来，以形成一种建筑图形。当然，人造形式本身有时也是一种图形，例如城市空间中的建筑主要立面。

空间关系学

空间组织意味着空间元素的构图。一种空间元素可以是任意一种围合形式，由实在或含蓄的边界限定。然而，要成为构图的一部分，元素自身必须具有一种明确限定的形式。例如，它的平面可以是正方、长方、圆形，或是椭圆。这种几何单位不仅有明确的轮廓，而

CHARITA

且包含了无形的中心和轴线的“骨架结构”,它们使得各个部分有可能“有机地”组合在一起。[159]所以，起组织作用的轴线，并不总是硬加在平面上的，而是从属于空间元素自身,中心也不一定是“外来的”特征，而很有可能是结构骨架的一部分。由于任何一种几何形式都含有多重方向的轴线，这就产生了很多构图的可能性。轴线有时被标在地面上，以使空间的组织更为明确。当空间元素呈拓扑结构时，这种强调的设计显得更为重要，因为轴线只是“外加的”而不是形式的一部分。

空间的元素不仅是由平面而且也是由剖面决定的。平整的顶棚并不影响由地面和墙体所限定的形状，而筒拱和圆顶则可以揭示出“隐含的”轴线和中心。在过去，顶棚在设计上的变化通常被用来标明和连接空间元素和区域，当现代建筑推崇只用平面进行设计时，这种可能性就没有了。不同限定空间的连续会产生节奏来容纳某些活动，与此同时剖面表现出特征的张力。

空间元素的构成总体上运用了两种基本方法：“添加”和“分隔”。[160]文艺复兴时期的建筑物可以被理解为相对独立的空间元素相加之和，而巴洛克时期却把建筑物各部分的独立性去掉，因此，如果孤立地去看这些部分，就没有意义。在巴洛克建筑中，整体出现在先，“分隔”在后。然而，设计者也可以使空间序列和成组中的元素相互关联，例如元素交替地收缩和膨胀，波罗米尼和瓜里尼及其追随者就在其作品中运用了这种办法。还有一种可能性就是，使两个具有不同特征的元素相互渗透，形成一个模糊的同时从属于两种元素的区域。我们也知道，有些建筑物的整体具有一定的设计处理，但人们很难或几乎没有可能识别出其组成元素。我们把这种情况叫做“融合”。我们因此需要扩展“分隔”的概念,将“跃动”、“渗透”和“融合”组织在“整体”之中。[161]

作为一个不可缺少的工具，空间组成的办法可以帮助我们理解建筑作品的属性及其所具化的存在空间。例如，古希腊建筑群的布局（如德尔斐和奥林匹亚）是由独立的单个建筑物组合而成，我们从中就会看到一种想要表达单个特征的愿望。单个神庙看上去就是“家庭中”的一位独特的成员，正像众神所组成的家庭一样，象征了大地上人们不同的角色和相互作用。古罗马建筑则正好相反，表现出强烈的空间整体性，体现了罗马人对世界的理解：世界是一个有组织的世界。在文艺复兴时期，世界被理解为各向同性的三维几何体，建筑物和布局也就相应地表现为基本空间“细胞”的叠加。各向同性的空间是一个全新的形象，在建筑历史中，它第一次使不同环境层次的形式整合成为可能。古罗马人在所有环境层次上都运用了具有象征意义的相交轴线，但并没有表达空间连续体的概念，而文艺复兴的建筑空间则是在各个环境层次上都是相同的。各向同性的概念也是巴洛克“活力”空间的一个出发点，各个不同部分既有区别，又同属一个整体，形成与顶部相关的扩展与跃动的有机体。

现代建筑的“自由布局”也以各向均等的概念作为出发点，建立在分隔的基础之上，与巴洛克建筑中决定关联区域的中心和轴线组织正好相反。自由布局在给定和无限的连续体中，用自由隔断进行划分，引导空间方向。一个开敞和动态的世界显示出来，居住成了“空间中的生活”，而不是对已知空间的选择。显然，完全的开敞空间无法满足前述的四种居住方式。我们已经看到，城市空间取决于围合，公共建筑取决于规则和具有“解释”功能的构图。事实上，自由布局概念的发展与住房相关，其中不拘形式的开敞是一种有用的设计方法。不过即使这样，自由布局仍然无法满足人们对限定空间的需要。因此，人们重新开始探求基于添加和综合原则之上的空间有机体。保罗·波托盖西(Paolo Portoghesi)对建筑空间的理解很有意思，他把建筑视为相互作用的“力场”体系，集合了外部和内部“力量”的中心产生了力场。当力场相互作用时，不同密度和动态的区域便因此产生，以容纳复杂

图 129　古典建筑语言

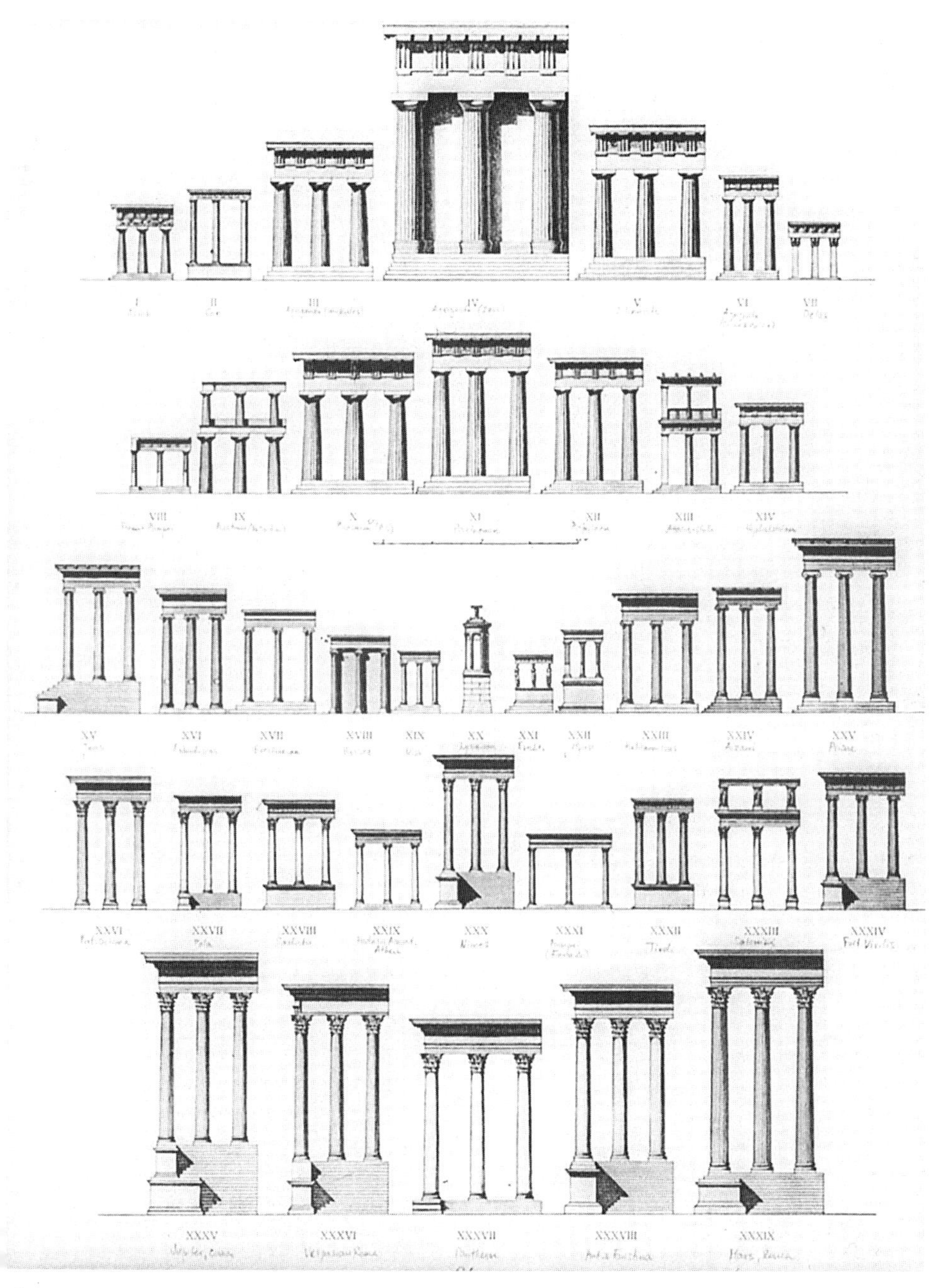

图 130　结构骨架，根据阿恩海姆（Arnheim）的研究

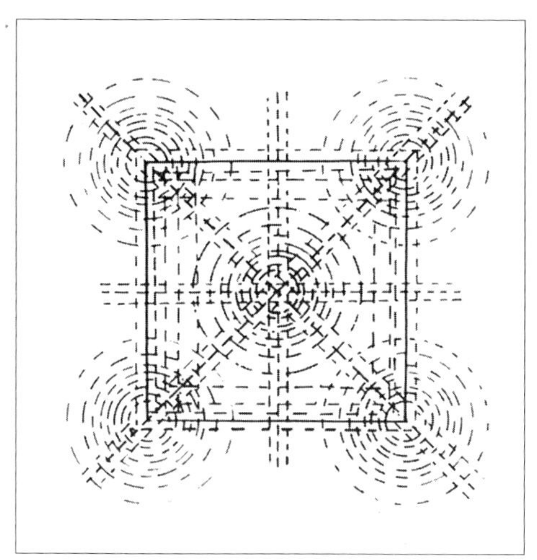

图 131　位于维琴察（Vicenza）的圆厅别墅剖面，帕拉第奥（Palladio）设计，1551 年

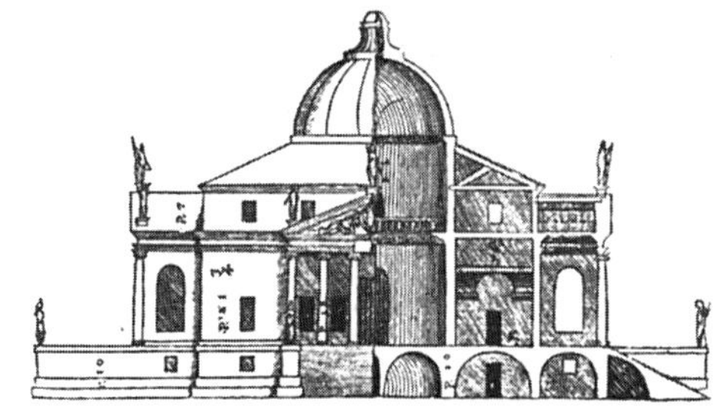

图 132　添加和分隔　　　　图 133　互相渗透和跃动

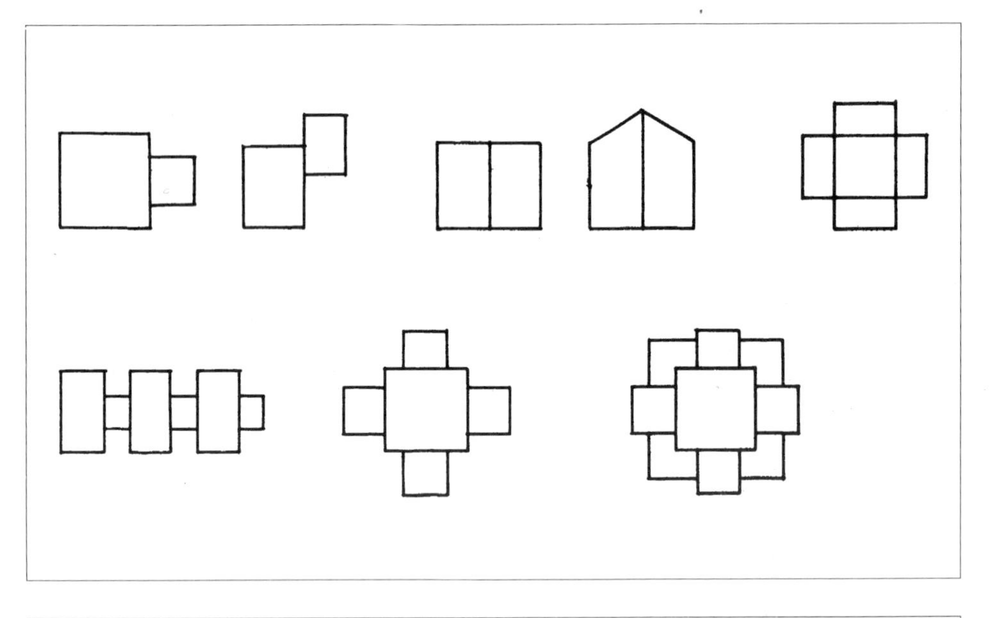

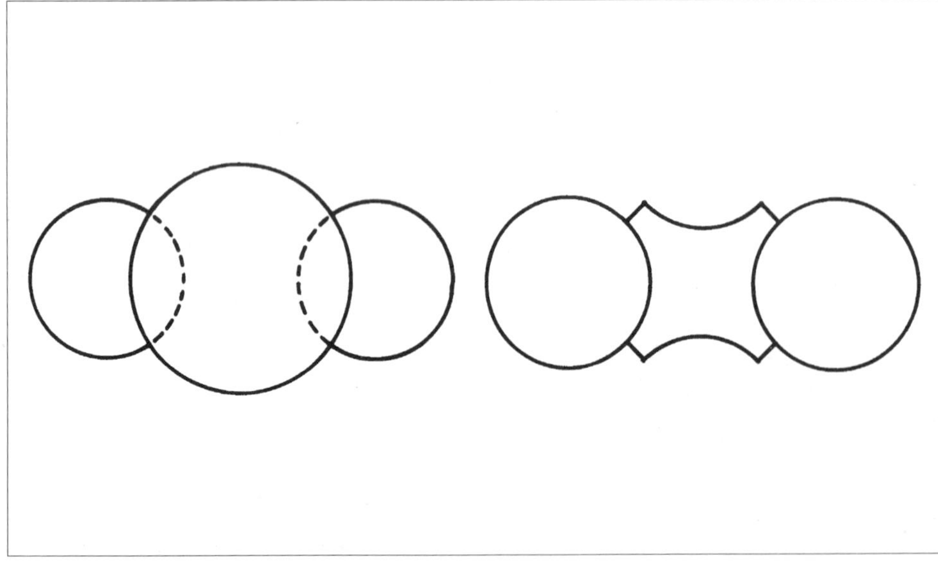

的生活。[162] 可以把这一方法当成是对巴洛克式整体布局的一种深化发展，而与此同时，“自由布局”方法中有价值的特性在其中也得以保留。

图形通过空间构图的方法产生，来帮助人们在环境中的定位。从上述讨论中可以看到，我们所说的“定位”不仅是找到自身的位置，而且体验的空间是由一组相互关联且富有意义的地方构成。具有独特而明确的空间图形的环境是获得这种体验的先决条件。任何层次上的任何地方都应当具有图形般的质量，从而不仅成为人造形式，而且成为容纳生活和展示世界空间属性形象的空间。在讨论城市、公共和私密空间时，我们提到过一些图形，并把它们与通路和目标的基本属性联系在一起。其他一些有关元素和构图的讨论表明，空间图形应当具有规则“结构骨架”的形式特性。

类型学

空间的组织如果不通过人造形式来实现的话，就不会成为地方。所以，构成建筑语言实体的典型图形，可以被定义为具有实在边界的空间图形。这样的空间图形是一种“体量”，然而，当它被设计在建筑作品中时，具有明确特征的建筑物便产生了。这里的设计就是要体现存在于天地之间的某种方式。建筑物站立在空间中，伸展围合空间，同时又

图 134　整体的空间：位于斯普利特（Split）城的戴克里先（Diocletian）宫，公元 3 世纪

图 135　单体建筑物的叠加：奥林匹亚（Olympia），公元前 5 世纪

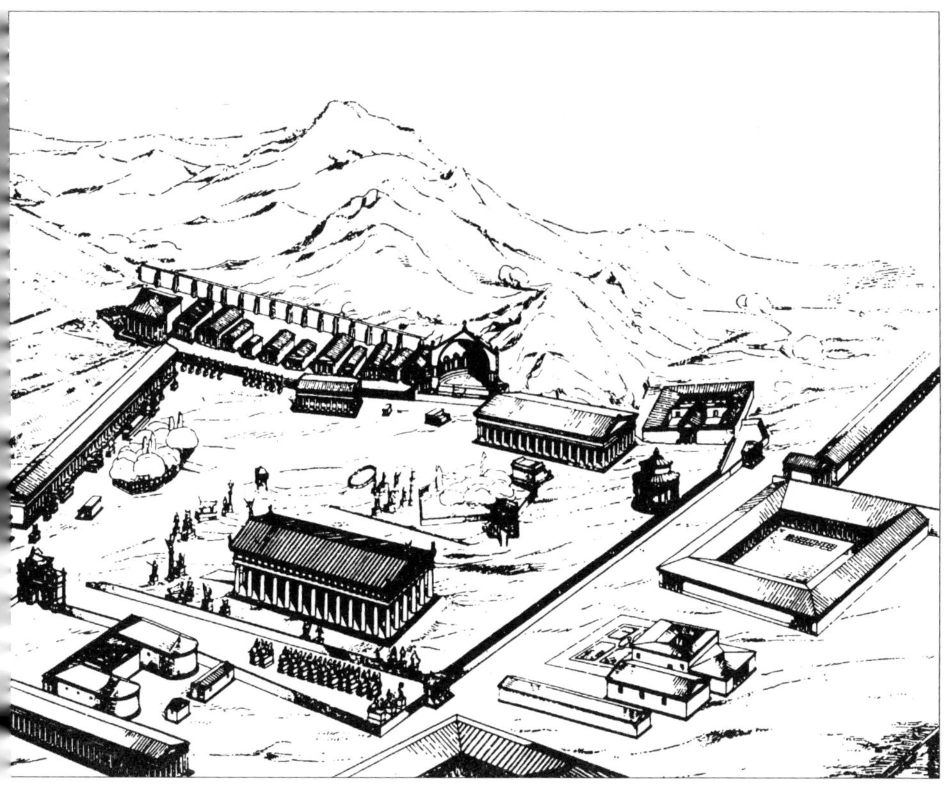

图 136　空间是力场相互作用的系统，根据波托盖西（P. Portoghesi）的研究

图 137　各向同性空间

以不同的方式敞开自身。我们已经指出，语言中就有这些“存在物”的名称：“塔楼”、“街区”、“翼房”、“厅堂”、“通道”和“圆顶”。塔楼并不是简单抽象的竖向元素，而是站立并向上升起的事物。翼房不只是横向的元素，而且是在大地上歇躺和伸展的事物。厅堂不仅仅是体量，而且是联系上下的房间。圆顶形式使人联想到结实大地之上的穹顶天空。

图形可以是简单的，也可以是复合的。佛罗伦萨的洗礼堂具有简单但却突显的图形，而相邻的主教堂的图形则是复合的。后者将厅堂、圆顶和塔楼综合为一个复合而明确的整体。在历史上，环境由简单和复合的图形构成。住房的群体一般由简单的图形单元构成，而公共建筑物的构图则更为精细，成为地标建筑和空间焦点。我们也许可以把图形的这种关系与孩子们玩的老式建筑积木相比，简单图形的单个积木，可以排成或组成更为复杂的整体。弗兰克·劳埃德·赖特在小时候玩的福禄培尔（Froebel）游戏就是一个例子。很有趣的是，在这个游戏中积木搭成的结构都会有个名字，如“农庄”、“游艇”、“报亭”……[163] 用具体和图形的方法来设计建筑，与功能主义的抽象图解有着很大的差别！所以，图形建筑并不是偶然的发明，而是一些可以重复、结合和变化的典型元素。我们已经说过，典型元素不仅仅与传统有

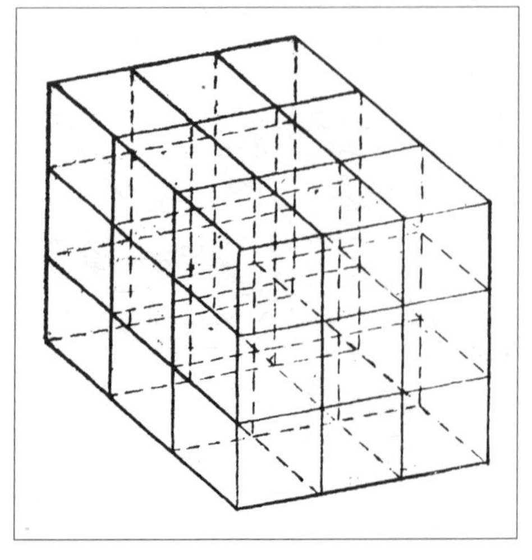

图 138　阿普格利亚（Apuglia）的石砌住宅

关，而且反映了天地之间存在的基本方法。就像会话语言那样，典型元素是与世俱来的，建筑的任务就是要使这些典型元素出现在合适的时间和合适的地点，即作为“某事物”。当这种情况发生时，类型便成为一种具体的图形。这样的类型并不存在，而只是它的图形的表现形式。但是，它有一个名称，而单个的图形却没有。它因此从属于产生所有现象的全面基础。但这并不意味着它像“体量”和“比例”那样抽象，因为它是非常具体的。当我们说“塔楼”、“圆顶”和“柱子”时，我们是指一种可以用于建筑作品之中的实在元素。

建筑历史中那些经久的类型可以看做“原型”，因为它们具有普遍的适用价值。不过，这些原型会消失，也会重新出现。例如，在中世纪的西方建筑中，圆顶并不起什么重要作用，尽管它并没有完全消失。重要的是，原型总是被不断地重新解读。塔楼总是站立在空间中，但在此时站在此地意味着什么呢？表达这种站立的塔楼图形是什么呢？显然，对不同情况的解读并不会完全不一样。地方和时间具有一种稳定性，我们因此可以谈论地方和历史的类型，例如“埃默河谷屋顶”或者“哥特尖顶”。这意味着，原型图形中加进了特别的记忆。

对类型的解读和运用是一个精细的设计过程，即安排构成元素及其从属部

图 139　穹顶：位于普拉托（Prato）的圣玛丽亚（S. Maria delle Carceri）教堂

分的过程。通过这一过程，天地之间的一种基本存在方式变得清晰而有变化。塔楼的竖向奔腾或被强调或被柔化，也可以表现为静止与升腾之间的一种冲突。我们曾经指出，艺术形式可以包含逻辑上的矛盾。因此形式也许可以同时既重又轻，动静并存，用罗伯特·文丘里的话来说，就是“兼容并蓄”[164]。然而，精细的设计不能过度，否则类型会失去特性，“图形质量”也就没有了。换句话说，类型中的矛盾应当得到尊重。

要想理解类型学的属性，仅仅参照天地之间存在的普遍方式是不够的。我们要记住，这些方式总是表现为“某种事物”。在此，我们不是指对具体地点和时间的表现，而是指集合、公共和私密居住这些范畴。所以，我们应当研究世界上集合、公共和居住的原型。它们显然是基本原型的变体或是反映了其间的选择。塔楼因而主要用于公共建筑，而城市中呈拓扑结构的围合形式更适合于集合环境。

我们认为，居住取决于类型。为获得与事物、他人和自己相关的存在根基，人们需要用建筑来揭示自己对世界的理解。这种理解包含了对总体状况的直觉和对具体情况的了解。总体的理解存在于类型之中，而具体的了解则通过使类型得以显现的具体建筑图形表现出来。类型和作品回应了语言和述说，因而回应了“存在之所”及其表现。所以，人们

图140　复合图形：位于希尔德斯海姆(Hildesheim)的圣迈克尔（St. Michael）教堂，1001 年

图 141　复合图形：佛罗伦萨主教堂，14—15 世纪

图 142　图形的探索：路易斯·康（Louis Kahn）绘制的草图

图 143　简单图形：佛罗伦萨洗礼堂，11 世纪

图 144　母题与变化：位于摩拉维亚（Moravia）的泰莱（Telč）城一景

不仅居住在城市空间和建筑物中，而且也居住在建筑语言之中。事实上，这种居住使得所有其他事情成为可能。

今天的语言

人造形式和空间图形的丧失，不仅是对形式和空间属性理解的不足，而且首先是对建筑语言的摒弃。“形式服从功能”的口号不承认任何类型基础的存在，而且还认为形式可以不断地被更新。它最多只承认某些“传统”的存在。语言的丧失根植于我们时代所特有的趋向抽象的基本潮流。人们把现实缩减到可以度量的东西，把具体的地方变为抽象的空间。结果，日常的生活世界逐渐消失，人们成为事物中的陌生人。想象力遭到了扼杀，这种想象力就是用根植于类型中的图形来理解世界的能力。在对西方科学的批判中，胡塞尔指出了这种危险，并为应对这种危机而提出了“回到事物本身”的口号。他主张回到具体的实在，海德格尔，梅洛－庞蒂、巴什拉、博尔诺等人追随了这一目标。因而在今天，我们看到了回到图形建筑的希望。类型学和意义的问题成为热门话题，对共同语言的需求成为共识。[165] 记忆的问题也开始成为讨论的议题，因为任何有意义的形式总是具有“提示”功能的事物。以往的形式又重新出现在选择之列，特别是古典的形式，因为古典的建

图 145 “走向图形建筑”，格雷夫斯（Michael Graves）绘制

图 146　图形的丧失

筑语言代表了迄今为止最为普遍和结构最有条理的图形系统。[166] 显然，这些现象有滑入表面历史主义的危险。吉迪恩认为，把历史当做选择母题的“百货公司”不同于把历史视为“构成事实”的来源。然而，他却没有认识到后者的属性，即对人们在天地之间存在的解读。甚至当今，那些图形建筑的“后现代主义”提倡者也基本上没有掌握类型和图形的属性，从而很容易成为新的折中主义的牺牲品。[167] 面对这种危险，我们必须理解胡塞尔口号的意义。“回到事物本身”意味着我们要恢复人们的自然理解，即把事物理解为存在于世的方式，理解事物的集聚功能。我们必须相应地发展我们诗一般的直觉，着重世界的质量而不是数量。通过现象学的方法，我们可以“思考”事物，揭示它们的“事物性”。作为一篇讨论现象学的文章，本书阐述了这种途径。现象学应当成为教育的汇集中点和方法，来帮助人们恢复作为居住核心的诗意知觉。从普遍的意义上看，我们所需要的是，从尊重和关爱的角度来重新发现世界。通过关心接近我们的事物而不是通过伟大的“设计”，我们才能改善我们的状况。里尔克(Rilke)说过，“事物相信我们会拯救”。[168] 然而，我们只有把事物放在心上，才能拯救事物。当这种情形发生时，我们的居住就是在真正意义上的。

注释

1. T. Vesaas, *Vindane*, Oslo 1952.
2. T. Vesaas, *Huset of fuglen*, Oslo 1971.
3. M. Heidegger, *Being and Time*, (1927), New York 1962, p. 83.
4. A. de Saint-Exupéry, *The Wisdom of the Sands*, London 1948.
5. E. Rubin, *Visuell wahrgenommene Figuren*, Copenhagen 1921.
6. K. Lynch, *The Image of the City*, Cambridge, Mass. 1960.
7. E. Husserl, *Die Krisis der europäischen Wissenschaften*, (1935), The Hague 1954.
8. M. Merleau-Ponty, *Phenomenology of Perception*, (1945), London 1962, p. 324.
9. Ibidem, p. 319.
10. Ibidem, p. 320.
11. Ibidem, p. 322.
12. M. Heidegger, "The Thing," in *Poetry, Language, Thought*, New York 1971, pp. 165 ff.
13. Ibidem, p. 179.
14. M. Heidegger, "The Origin of the Work of Art," in *Poetry...*, cit., pp. 17 ff.
15. M. Heidegger, "Poetically Man Dwells," in *Poetry...*, cit., p. 215.
16. Ibidem, p. 218.
17. M. Heidegger, "Building Dwelling Thinking," in *Poetry...*, cit., p. 149.
18. M. Heidegger, *Hebel der Hausfreund*, Pfullingen 1957, p. 13.
19. C. Norberg-Schulz, *Genius Loci*, Milan-New York 1979.
20. K. Lynch, op. cit., pp. 4, 5.
21. C. Norberg-Schulz, *Existence, Space and Architecture*, London 1971.
22. O.F. Bollnow, *Mensch und Raum*, Stuttgart 1963, p. 58.
23. M. Eliade, *The Sacred and the Profane*, New York 1959, pp. 20 ff.
24. Le Corbusier, *Towards a New Architecture*, London 1927, p. 173.
25. K. Lynch, op. cit.
26. W. Müller, *Die heilige Stadt*, Stuttgart 1961, p. 38.
27. C. Norberg-Schulz, "Khan, Heidegger and the Language of Architecture," in *Oppositions 18*, Cambridge, Mass. 1979.
28. M. Heidegger, "Building Dwelling Thinking," in *Poetry...*, cit., p. 154.
29. C. Norberg-Schulz, *Existence...*, cit., p. 21.
30. C. Norberg-Schulz, *Intentions in Architecture*, London-Oslo 1963, p. 44.
31. B. Jager, "Horizontality and Verticality," in *Duquesne Studies in Phenomenological Psychology*, vol. I, 1971.
32. J. Jacobi, *The Psychology of C.G. Jung*, New Haven 1951, p. 53.
33. M. Heidegger, "Language," in *Poetry...*, cit., pp. 189 ff.
34. M. Heidegger, "Poetically Man Dwells," in *Poetry...*, cit., p. 226. Also C. Norberg-Schulz, "Heidegger's Thinking on Architecture," in *Perspecta 20*, New Haven 1983, pp. 61 ff.
35. The word "settlement" is here used to designate dwelling places on different environmental levels: farm, village, town, city.
36. V. Scully, *The Earth, the Temple and the Gods*, New Haven 1962.
37. C. Norberg-Schulz, *Genius Loci*, cit.
38. See for instance *Merian Europa*, Kassel-Basel 1965.
39. See however S. von Moos, *Turm und Bollwerk*, Zürich 1974.
40. Tower houses were much used in various European countries during the Middle Ages. Well known are the slender towers of northern and central Italy, and the square tower-houses of Scotland.
41. C. Norberg-Schulz. *Existence...*, cit.
42. Id., *Intentions...*, cit., p. 43.
43. Id., *Existence...*, cit., p. 78.
44. Id., *Meaning in Western Architecture*, London 1974, ch. I.
45. D. Bahat, *Carta's Historical Atlas of Jerusalem*, Jerusalem 1983, p. 35.
46. C. Norberg-Schulz, *Genius Loci*, cit., p. 69.
47. The Italian word *veduta* means something seen.
48. C. Norberg-Schulz, *Genius Loci*, cit., p. 42.
49. Ibidem, pp. 180 ff.
50. Ibidem, pp. 138 ff.
51. Le Corbusier, *La Maison des Hommes*, Paris 1942.
52. C. Norberg-Schulz, *Roots of Modern Architecture*, Tokyo 1985.
53. V. Scully, *Louis I. Kahn*, New York 1962, p. 12.
54. L. Wittgenstein, *Tractatus locico-philosophicus*, 1921.
55. K. Lynch, op. cit., pp. 46 ff.
56. The German concepts were introduced by H. Sedlmayr.
57. In the past many cities were distinguished by particular pavement patterns.
58. K. Lynch, op. cit. See his various diagrammatic plans.
59. R. Krier, *Stadtraum*, Stuttgart 1975.
60. P. Zucker, *Town and Square*, New York 1959, p. 1.
61. The French word for the square in front of a church, *parvis*, stems from "paradise."
62. Like in the works of Sibelius.
63. A.E. Brinckmann, *Deutsche Stadtbaukunst*, Frankfurt 1911; id., *Platz und Monument*, Berlin 1912; R. Unwin, *Town Planning in Practice*, London 1909.
64. R. Krier, op. cit.
65. C. Sitte, *Der Städtebau*, Vienna 1909, p. 2.
66. See P. Zucker, op. cit., for a typology of squares.
67. K. Lynch, op. cit.
68. Also many "theoretical" plans from the nineteenth century.
69. We may also remind of the famous *vedute* by Bellotto.
70. A. Boethius, *The Golden House of Nero*, Ann Arbor 1960, pp. 129 ff.
71. R. Venturi, *Complexity and Contradiction in Architecture*, New York 1966, p. 88.
72. P. Zucker, op. cit.
73. A.E. Brinckmann, *Platz...*, cit., p. 18.
74. S. Bianca, *Architektur und Lebensform im islamischen Stadtwesen*, Zürich 1975.
75. L. Hilberseimer, *The New City*, Chicago 1944.
76. K. Lynch, op. cit., p. 41.
77. A. Rossi, *L'architettura della città*, Padua 1966.
78. C. Terrasse, *La cathédrale miroir du monde*, Paris 1946.
79. R. Venturi, op. cit.
80. C. Norberg-Schulz, *Michelangelo som arkitekt*, Oslo 1958.
81. The concept of "leading building task" was introduced by H. Sedlmayr in *Verlust der Mitte*, Salzburg 1948.
82. Ibidem.
83. V. Scully, *The Earth...*, cit., passim.
84. In German the word *bauen* means to cultivate the land as well as to erect buildings. The farmer is a *Bauer*, that is, "builder."
85. C. Norberg-Schulz, *Genius Loci*, cit.
86. Id., "Le ultime intenzioni di Alberti," in *Acta Institutum Romanum Norvegiae*, vol. I, Rome 1962.
87. C. Norberg-Schulz, *Meaning...*, cit., ch. 6.
88. E. Dyggve, *Dödekult, keiserkult og basilika*, Oslo 1943.

89. C. Norberg-Schulz, *Baroque Architecture*, New York 1971, p. 217.

90. Id., *K.I. Dientzenhofer e il barocco boemo*, Rome 1968.

91. Id., *Baroque...*, cit.

92. Id., *Roots...*, cit.

93. Hans Scharoun, *Akademie der Künste*, Berlin 1967.

94. R. Schwarz, *Vom Bau der Kirche*, Heidelberg 1947, p. 46.

95. E. Guidoni, *La città europea*, Milan 1980.

96. Le Corbusier *Towards...*, cit., p. 31.

97. Ibidem, p. 147.

98. Such as the wish of Louis XIV to add a dome to his palace in Versailles.

99. We may also remind of the open-air chapel of Hildebrandt at Göllersdorf (1725).

100. C. Norberg-Schulz, *Roots...*, cit.

101. S. Giedion, *Architecture, You and Me*, Cambridge, Mass. 1958, p. 28.

102. C. Norberg-Schulz, *Kahn...*, cit.

103. Id., *Roots...*, cit., ch. 5.

104. G. Bachelard, *Poetics of Space*, (1958), Boston 1964.

105. M. Heidegger, *Being...*, cit., p. 176.

106. O.F. Bollnow, *Vom Vesen der Stimmungen*, Frankfurt a.M. 1956, p. 33.

107. M. Heidegger, *Being...*, cit., p. 182.

108. C. Norberg-Schulz, *Kahn...*, cit.

109. F.L. Wright, *The Natural House*, (1954), New York 1970, p. 32.

110. L. Binswanger, *Grundformen und Erkenntnis menschlichen Daseins*, Munich 1962, p. 25.

111. The German word *Erinnerung* means something which has been "taken in," "internalized."

112. C. Norberg-Schulz, Y. Futagawa, M. Suzuki, *Wooden Houses in Europe*, Tokyo 1978.

113. L.B. Alberti, *De re aedificatoria*, IX, ii.

114. C. Norberg-Schulz, *Genius Loci*, cit.

115. Ibidem, pp. 66 ff.

116. It was, however, prepared for by suburban villas of the Renaissance and Baroque.

117. C. Norberg-Schulz, *Casa Behrens*, Rome 1980.

118. F.L. Wright, op. cit., p. 16.

119. L. Velltheim-Lottum, *Kleine Weltgeschichte des städtischen Wohnhauses*, Heidelberg 1952.

120. Le Corbusier, *Towards...*, cit., pp. 169 ff.

121. M.H. Baillie-Scott, *Houses and Gardens*, London 1906, p. 18.

122. Ibidem, p. 2.

123. Ibidem, p. 54.

124. Such as Robert A.M. Stern.

125. C. Moore, G. Allen, D. Lyndon, *The Place of Houses*, New York 1974, p. 82.

126. C. Norberg-Schulz, *Roots...*, cit.

127. L. Moholy-Nagy, *The New Vision*, New York 1946, p. 59.

128. V. Scully, *The Shingle Style*, New Haven 1971, pp. 162 ff.

129. A. Boethius, op. cit.

130. J. Trier, First. *Gesellschaft der Wissenschaften zu Göttingen*, 1940, p. 117.

131. S. Giedion, *Befreites Wohnen*, Zürich 1929, p. 9.

132. Le Corbusier, *La Maison...*, cit.

133. F.R.S. Yorke, *The Modern House*, London 1934; id., *The Modern Flat*, London 1937.

134. *Global Architecture 39*, Tokyo 1976.

135. C. Moore, G. Allen, D. Lyndon, op. cit.

136. M. Heidegger, "Letter on Humanism," in *Basic Writings*, New York 1977; id. "Language," in *Poetry...*, cit., pp. 189 ff.

137. M. Heidegger, *Being...*, cit., p. 203.

138. M. Heidegger, "Language," in *Poetry...*, cit., pp. 190, 210.

139. G. Broadbent, R. Bunt, C. Jencks, *Signs, Symbols and Architecture*, Chichester 1980.

140. M. Heidegger, "Poetically Man Dwells," in *Poetry...*, cit., pp. 221 ff.

141. Ibidem, p. 218.

142. M. Heidegger, "The Thing," in *Poetry...*, cit., p. 179.

143. M. Heidegger, "Poetically Man Dwells," in *Poetry...*, cit., p. 225.

144. Ibidem, p. 208.

145. M. Heidegger, *Being...*, cit., pp. 149 ff.

146. As is maintained by semiological theory. See Broadbent et al., op. cit.

147. Baillie-Scott, op. cit., p. 40.

148. M. Heidegger, "The Origin of the Work of Art," in *Poetry...*, cit., p. 64.

149. Ibidem, p. 63.

150. Ibidem, p. 63.

151. Ibidem, pp. 41 ff.

152. We may remind of Vasari's description of Brunelleschi's dome.

153. M.G. van Rensselaer, *Henry Hobson Richardson and His Works*, New York 1888.

154. C. Norberg-Schulz, *Intentions...*, cit., p. 164.

155. Ibidem, chapter on "Technics."

156. Id., *Genius Loci...*, cit., chapter on Prague.

157. M. Heidegger, *Hebel...*, cit., p. 7.

158. V. Scully, *The Earth...*, cit.; also C. Norberg-Schulz, *Meaning...*, cit., ch. 2.

159. R. Arnheim, *Art and Visual Perception*, Berkeley-Los Angeles 1954.

160. The concepts of "addition" and "division" were introduced by P. Frankl, *Entwicklungsphasen der neueren Baukunst*, Leipzig-Berlin 1914.

161. C. Norberg-Schulz, *Intentions...*, cit.

162. Id., *Architetture di Paolo Portoghesi e Vittorio Gigliotti*, Rome 1982.

163. G.C. Manson, *Frank Lloyd Wright to 1910*, New York 1958, pp. 6 ff.

164. R. Venturi, op. cit.

165. C. Norberg-Schulz, *Roots...*, cit., ch. 8

166. C. Jencks, "Post-Modern Classicism," in *Architectural Design*, 5/6, 1980.

167. Such as J. Stirling in his museum in Stuttgart.

168. R.M. Rilke, *Duinese Elegies* IX.

译后记

经历了一段时间在由挪威建筑理论家舒尔茨所搭建的优秀建筑作品和理想建筑世界的构架中的游历与思考，我完成了《居住的概念——走向图形建筑》一书的翻译工作。在此书中文版付印之际，首先我要感谢东南大学建筑系教授刘先觉先生。他原先为本译文的审校者，后来因为身体不适，他没能进行此项工作。在此，我衷心祝愿他早日康复。对译稿的审校工作后由中国建筑工业出版社刘慈慰先生和王伯扬先生完成，我对他们的认真审阅、细致校对及其所提出的宝贵修改意见表示十分的感谢。同时，我还要感谢中国建筑工业出版社特别是董苏华编审为本书的出版所做的努力，感谢家人和朋友对我翻译工作的支持和帮助。

黄士钧

2011 年 10 月